KB180720

태양광발전 시스템 시공

머 리 말

최근 우리 사회에서의 환경은, 화석연료의 과다사용으로 인한 지구온난화와 태풍, 가뭄, 폭우 등의 예측 불허한 기상이변이 빈번히 발생하고, 환경오염에 의한 생태계 파괴가 가속화되고 있으며, 그에 따른 세계적인 유가폭등 및 기후변화협약의 규제가 강화되고 그에 따라 탄소 배출량 규제 등의 광범위한 문제들이 제기됨에 따라, 이 문제들을 타개하기 위하여, 범국가적인 차원에서 경제적이면서도 지속적인 방향으로 환경을 보전할 수 있는 신재생에너지의 필요성이 대두되고 있습니다.

신재생에너지란 기존의 화석연료를 변환시켜 이용하거나 햇빛, 물, 지열, 생물 유기체 등을 포함하는 재생 가능한 에너지를 변환시켜서 이용하는 에너지로, 그것의 필요성은 화석 에너지를 대체할 수 있으면서도 환경파괴를 야기하지 않는다는 것만으로도 전 세계적으로 활발히 연구되고 국가차원에서 시행 및 진행되고 있는 바입니다.

우리나라에서 규정한 신재생에너지로는 8개 분야로 되어있는 재생에너지가 있으며, 그것들은 태양열, 태양광발전, 바이오매스, 풍력, 소수력, 지열, 해양, 폐기물 에너지로 구성되어 있으며, 그 외에 3개 분야의 신에너지인 연료전지, 석탄 액화 가스화, 수소에너지가 있으며 이 밖에도 총 28개의 분야로 나뉘어서 지정되어 있습니다.

이러한 신재생에너지들을 보급, 지원하기 위하여 정부 차원에서도 태양광, 태양열, 지열 등의 신재생에너지 주택 설치 및 보급에 힘쓰고 있으며, 그것의 지원, 기술개발 및 기술표준화 작업을 지속해 오고 있고, 이에 따라 그것을 다룰 수 있는 미래 에너지산업을 선도할 전문적인 핵심인재 양성 방안 또한 부각됨에 따라, 신재생에너지 발전설비기사 자격시험이 시행되어야 할 필요성이 대두되었습니다.

2013년 9월 28일 태양광 전문 자격증인 신재생에너지 발전설비기사(산업기사) 시험이 처음으로 시행되고 있으며, 여기서 말하는 신재생에너지 발전설비기사란 이러한 신재생에너지들을 전반적으로 다루는 직종이며, 주로 태양광의 기술이론 지식으로 설계,

시공, 운영, 유지보수, 안전관리 등의 업무를 수행할 수 있는 능력을 검증받은 전문가를 일컬으며, 이는 최근 정부가 역점을 두고 있는 저탄소 녹색성장 분야 인력양성 방안의 일환으로 추진되는 것으로써, 해당 과정이 개설 될 경우 향후 대체 에너지로 주목받고 있는 태양광 발전 산업분야에서의 전문적인 기술 인력의 체계적 육성이 가능할 수 있음을 알 수 있습니다.

이와 같은 정부 주도의 태양광 사업에 참여하기 위해서는 이 신재생에너지 발전설비기사 자격증이 필요하며, 자격증을 얻었을 때 신재생에너지 발전소나 모든 건물 및 시설의 신재생에너지 발전시스템 설계 및 인. 허가, 신재생에너지 발전설비 시공 및 감독, 신재생에너지 발전시스템의 시공 및 작동상태를 감리, 신재생 에너지 발전설비의 효율적 운영을 위한 유지보수 및 안전관리 업무 등을 수행할 수 있는 곳에 취업할 수 있다는 점을 들 수 있습니다.

이러한 신재생에너지 발전설비기사(산업기사)를 준비하고자 하는 수험생들을 위하여 이 책을 펴내었으며, 본 자격증 시험 합격을 위한 시험내용과 개념 등을 편집하였고, 핵심문제만을 엄선하여 뽑아냄과 동시에 그것에 대한 상세한 해설정리를 통한 이해 등을 통하여 본 책을 구독하는 수험생들에게 도움을 주고자 하는 방향으로 출판하게 되었습니다.

공부하시다가 족집게 및 기출문제 그리고 정오표와 궁금한 사항이 있으시면 카페에 질문글을 올려주시면 성심껏 답해드리겠습니다.
카페주소는 다음카페 신재생에너지발전설비/태양광/기사에 도전하는 사람들(신도사) 입니다.

끝으로 좋은 책을 만들기 위해 어려운 상황에서도 끝까지 애써주신 한올출판사 임순재 대표님과 최혜숙 실장님 이하 임직원 여러분께 감사의 마음을 전합니다.

차 례

1장

태양광발전시스템 시공

1 태양광발전시스템 시공준비

태양광발전시스템의 구성은 햇빛을 받아 직류전기를 생성하는 모듈과 발생된 전력을 저장하는 축전지 전기를 축전지에 저장하기 위한 전력제어장치 그리고 직류전기를 우리가 쓰고 있는 교류 220V로 바꿔주는 인버터로 구성되어 있다.

태양광발전시스템은 축전시스템의 유무에 따라 독립형 시스템과 계통연계형 시스템으로 구분되는데 외딴섬이나 산악지 같이 전기가 공급되지 않는 곳에는 축전지가 요구되지만 일반적으로 한전의 전력선이 연결된 곳에는 축전지가 필요 없다. 태양광발전시스템의 설치과정은 일반적으로 자재반입, 구조물 설치, 어레이 설치, 인버터 및 주변관련장치 설치, 계통간 선작업, 모니터링 시스템 구축 등의 순으로 이루어진다. 태양광발전시스템의 시공이 원활하게 이루어지기 위해서는 시공기준 이외에도 발주처의 설계 및 시공 시방서에 의한 사전에 철저한 검토와 시공 계획서를 작성하여 시공을 준비하는 것이 필요하다.

1. 태양광발전시스템 시공절차

(1) 태양광발전시스템 시공계획

1) 시공계획서 작성

설계도, 공정표, 시공계획서, 제작도, 시공상세도 이외에 공사현장에 따라 다양한 방식으로 작성한다.

① 공정표

공사 착공에 앞서 공정표를 작성

② 시공계획서

착공에 앞서 공사의 종합계획을 공정별로 기기, 자재 및 공법 등을 구체적으로 작성

③ 제작도, 시공상세도면 및 견본제출

기기제작 및 시공상 필요한 도면을 작성하고 필요한 경우에는 견본 또는 기기 및 제품 취급설명서를 작성

④ 공사보고서

공정표 및 시공계획서에 의한 공사에 관한 진척사항, 작업내용, 자재의 반입, 소비, 기후조건 등 기타 감리원이 필요하다고 지시한 사항에 대해서는 정해진 기간까지 보고서작성

⑤ 품질시험 및 검사

품질시험은 시방서에 명시되었거나 필요한 단계에서 반드시 실시

⑥ 안전보건관리

모든 공사는 산업안전보건법에 준용하여 산업재해 예방을 위한 기준을 준수하여야 하며, 산업재해 발생의 방지에 노력하며 공사현장의 안전, 보건을 유지하기 위하여 안전보건관리체제를 구성하여야 하며, 안전보건규정을 작성

⑦ 운전 및 유지관리

설비자재는 일정기간 이상 시운전하여 이상 유무를 확인

2) 태양광발전 설계 및 시공업무 추진절차

각 공정별로 기술적인 측면의 주요사항 및 사업수행자가 진행해야 할 사항들을 아래의 표로 나타내었다.

표 1-1 태양광발전 단계별 시공업무 추진절차

No.	구분	기술적 측면	사업수행자
1단계	기본설계 단계	• 고객요구파악 • 시스템설치 분석 • 적용부하량 산출 • 적용가능성 검토 • 시스템개요 설계 • 추진방향 확정	• 기본개념의 적합성 심사 • 기본설계서 심사 및 설계안 확정
2단계	실시설계 단계	• 장비별 세부사양 제안 및 확정 • H/W, S/W 사양 확정 • 외관 구조물 디자인 확정 • 구조물 구조설계	• 심사 확인
3단계	경비제작 단계	• 장비 제작 규격 및 도면 제출 • 구조물 및 장비 제작 • 태양 전지, 인버터, 기타장비	• 검토 및 승인 • 장비 중간검수 • 장비 최종검수
4단계	설치/준공 시험 단계	• 장비운반 및 현장설치 • 장비 현장 TEST 실시 및 측정 • 최종 종합운전 시험 및 측정	• 현장설치 관리, 감독 • 장비 현장 TEST 검수 • 사용전 검사
5단계	준공 단계	• 시운전 및 최종인수시험 • Manual 및 Document 제출 • 시설관리요원 교육훈련	• 최종 인수시험 • 설치완료 승인 • 도면 / 운영 Manual 등 • 문서 검수
6단계	유지보수 단계	• 시스템 운용 • 품질보증 및 유지 • 상시 원격운전 운영감시	• 시스템운용 지원

3) 태양광발전시스템 기본계획 흐름도

그림 1-1 태양광발전시스템의 설계순서

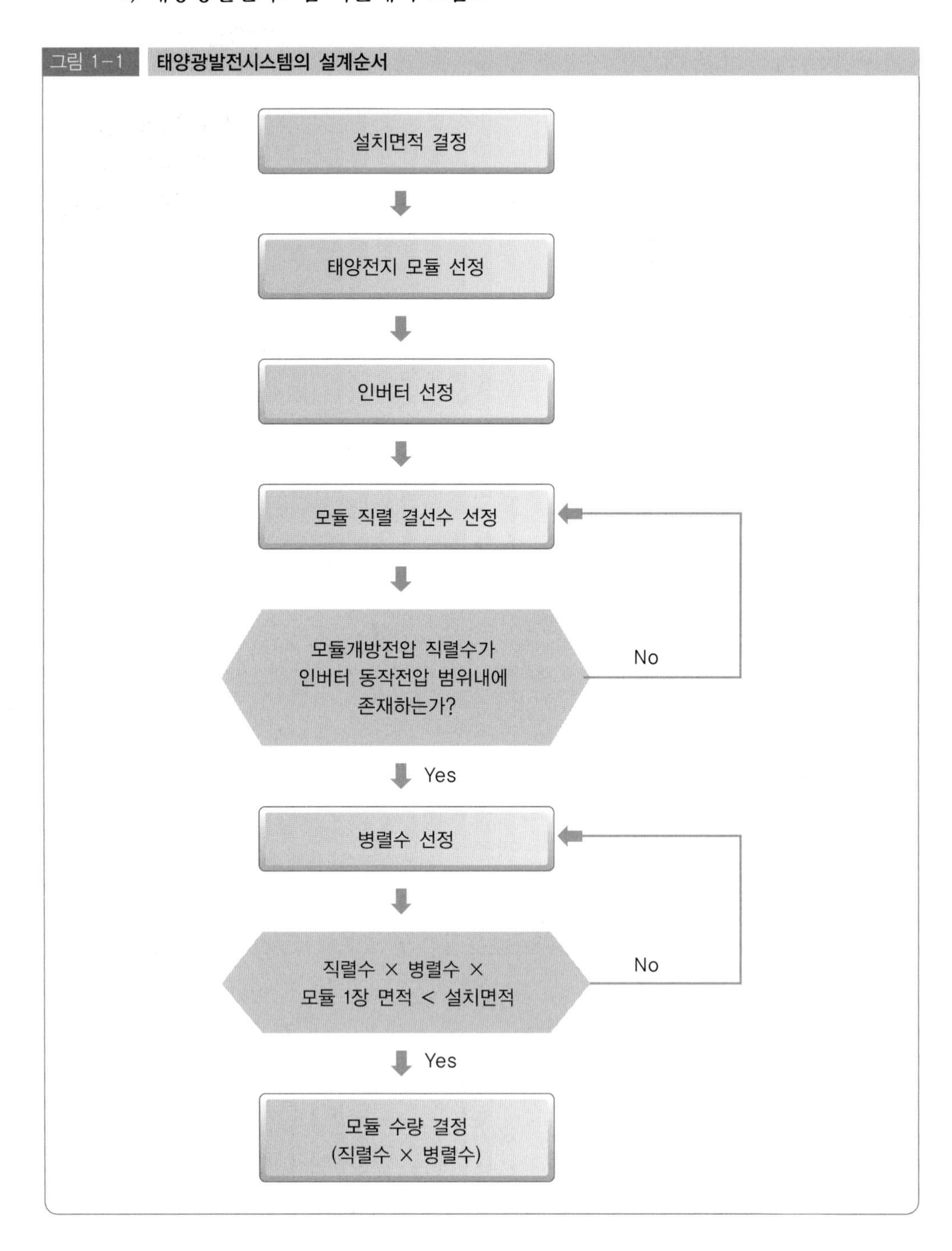

4) 태양광발전시스템 설계 시 고려사항

표 1-2 태양광발전시스템 설계 시 고려사항

구분	일반적 측면	기술적 측면
설치위치 결정	• 양호한 일사조건	• 태양 고도별 비음영 지역 선정
설치방법 결정	• 설치의 차별화 • 건물과의 통합성	• 태양광발전과 건물과의 통합 수준 • 유지보수의 적절성
디자인 결정	• 실용성 • 설계의 유연성 • 실현가능성	• 경사각, 방위각의 결정 • 구조 안정성 판단 • 시공방법
태양전지 모듈 선정	• 시장성 • 제작가능성	• 설치형태에 적합한 모듈 선정 • 건자재로서의 적합성 여부
설치면적 및 시스템용량 결정	• 모듈 크기	• 모듈 크기에 따른 설치면적 결정 • 어레이 구성방안 고려
어레이	• 고정 • 가변	• 경제적 방법 검토 • 설치장소에 따른 방식
구성요소별 설계	최대출력 보장 • 기능성 • 보호성	• 최대출력점 추종제어(MPPT) • 역전류 방지 • 최소 전압강하 • 내·외부 설치에 따른 보호기능
독립형 시스템	• 목적달성 • 신뢰성	• 최대공급 가능성 • 보조전원 유무
계통연계형 시스템	• 안정성 • 역류방지	• 지속적인 전원공급 • 상호계측 시스템

5) 설치공사의 절차

설치공사는 크게 어레이 기초공사, 지지대 공사 및 부대공사와 인버터의 기초 및 설치공사, 그리고 배선공사와 시공자에 의한 자체점검 및 검사로 구분된다.

철제 지지대, 금속제 외함이나 금속배관 등은 누전에 의한 사고 방지를 위해 접지공사가 반드시 필요하며 인버터를 기계실 등의 실내에 설치하는 경우에는 그 기초 및 취부 기초 지지대는 실내규격으로 할 수 있다.

공사에 있어서는 관련법규나 규정에 따라서 충분한 안전대책을 강구하는 것이 필요하며 특히 감전방지에 주의해야 한다.

그림 1-2 설치공사 절차

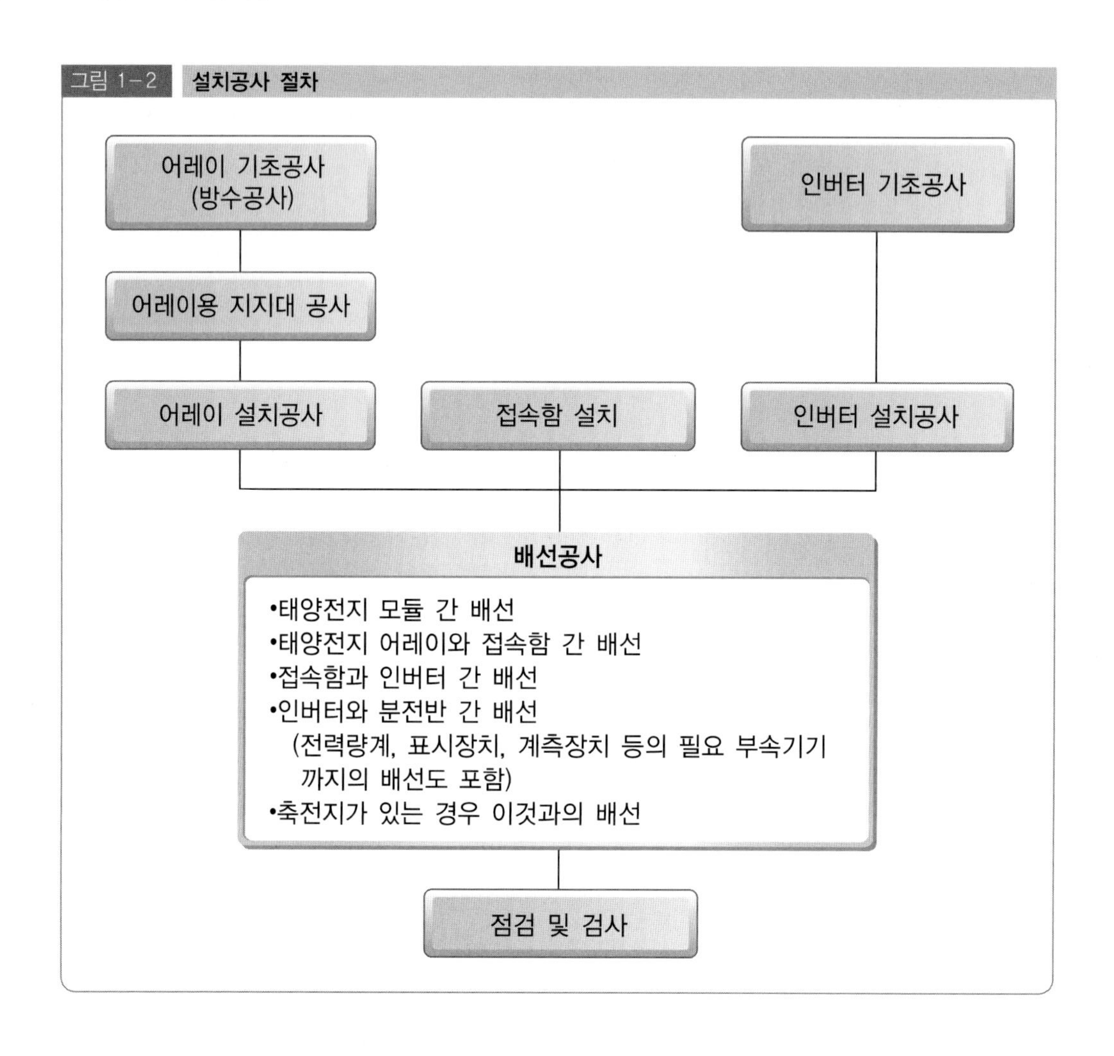

어레이 기초공사
(방수공사)
인버터 기초공사
어레이용 지지대 공사
어레이 설치공사
접속함 설치
인버터 설치공사
배선공사
•태양전지 모듈 간 배선
•태양전지 어레이와 접속함 간 배선
•접속함과 인버터 간 배선
•인버터와 분전반 간 배선
(전력량계, 표시장치, 계측장치 등의 필요 부속기기
까지의 배선도 포함)
•축전지가 있는 경우 이것과의 배선
점검 및 검사

체크포인트

태양광설비와 태양열설비의 일반적인 시공절차

구 분	태양광발전시스템(지붕형)	태양열이용시스템(지붕형)
시공 순서	비계(안전발판 설치) ↓ 천장 C/W 자재(철골) 양중 ↓ Fastener 용접 ↓ 천장 C/W 고정(Fastener 볼트 체결) ↓ 간선 작업 ↓ 태양전지 모듈 양중 및 설치 ↓ 모듈 결선 ↓ 모듈 테스트 ↓ 인버터 설치 ↓ 접속반 설치 ↓ 접속반 결선 ↓ 모니터링 장치 설치 ↓ 점검 및 보완	먹줄을 이용한 위치 설정 ↓ 하부 구조물 고정 앵커 작업 ↓ 구조물 앵커 케미컬 방수 ↓ 볼트 삽입 고정 ↓ 거치용 지지대 고정 작업 ↓ 거치용 지지대 콘크리트 작업 ↓ 지지대 조립 ↓ 집열기 조립 ↓ 집열기 커넥터 연결 ↓ 열매체 배관 보온 작업 ↓ 열매체 배관라인 및 밸브 작업 ↓ 보온 작업 ↓ 컨트롤 박스 설치 ↓ 설치 완료 ↓ 제어시스템 정상가동 확인

(2) 태양광발전시스템 시공기준

1) 목적

신재생에너지 설비를 설치하고자 하는 소유자, 설계자, 시공자 외에 설치 확인자 등이 설계, 시공, 설치, 관리 및 기타, 설치 확인 등의 목적으로 한다.

2) 공통 적용기준

① 신재생에너지 설비로 인증받은 제품(공인인증서 첨부)을 원칙으로 한다.
② 중·장기적으로 보급·주관하고자 하는 공공기관은 해당 보급 수요처의 특성에 맞게 본 시공기준을 보완·보강하여 준용·적용할 수 있다.
③ 본 시공기준 및 설치확인을 적용하기 어려운 경우에는, 사업계획서 검토 승인 당시 주관부서의 처리방침 및 설계시방서에 준하여 적용한다.
④ 소유주 또는 시공자(설계자)가 현장조건 등으로 인하여 설계 또는 시공 전에 본 시공기준을 적용하기 곤란한 경우에는, 적용 예외사항에 대하여 사전에 신재생에너지센터(주관부서)의 사업계획 변경 승인을 득하여야 한다.

3) 책무사항

① 소유주 및 시공자(설계자)
㉠ 본 시공기준이 설계·시공·설치 등에 반영되도록 해야 하며, 설치확인자가 현장방문 시 점검할 수 있도록 협조해야 한다.
㉡ 본 시공기준에 규정된 재료(재질) 및 시공방법 등 외에 다른 방안을 제시하는 경우, 동등 이상의 방안을 제시하여야 하며, 그 입증의 책임은 소유주 또는 시공자(설계자)에 있다.
㉢ 설치확인자가 사전 서류검토 또는 현장확인 시 추가자료 요청 시 성실히 제공해야 한다.

② 설치 확인자
㉠ 설치확인 기준에 의거 소유자가 제출한 서류를 사전 검토한 후, 본 시공기준에 의한 현장점검표에 따라 현장확인을 실시한다.
㉡ 본 시공기준에 규정된 타 안전·검사기관의 사전검사사항과 중복된 사항에 대해서는 제외하여 확인할 수 있다.
㉢ 동일항목과 관련 해당 시공기준 항목과 해당 현장점검 항목 간의 불일치 사항에 대해서는 해당 시공기준을 우선 적용한다.

4) 태양전지판

① 모듈

㉠ 센터에서 인증한 태양전지 모듈을 사용하여야 한다. 단, 건물일체형 태양광시스템의 경우 인증모델과 유사한 형태(태양전지의 종류와 크기가 동일한 형태)의 모듈을 사용할 수 있으며, 이 경우 용량이 다른 모듈에 대해 신·재생에너지 설비 인증에 관한 규정 상의 발전성능시험 결과가 포함된 시험성적서를 제출하여야 한다.

㉡ 기타 인증대상설비가 아닌 경우에는 분야별위원회의 심의를 거쳐 신재생에너지센터소장이 인정하는 경우 사용할 수 있다.

② 설치용량

설치용량은 사업계획서 상에 제시된 설계용량 이상이어야 하며, 설계용량의 103%를 초과하지 않아야 한다.

③ 방위각

그림자의 영향을 받지 않는 곳에 정남향 설치를 원칙으로 하되, 건축물의 디자인 등에 부합되도록 현장여건에 따라 설치할 수 있다.

④ 경사각

현장여건에 따라 조정하여 설치할 수 있다.

⑤ 일사시간

㉠ 장애물로 인한 음영에도 불구하고 일사시간은 1일 5시간(춘분 : 3~5월, 추분 : 9~11월 기준) 이상이어야 한다. 단, 전기줄, 피뢰침, 안테나 등 경미한 음영은 장애물로 보지 않는다.

㉡ 태양광 모듈설치열이 2열 이상일 경우 앞열은 뒷열에 음영이 지지 않도록 설치하여야 한다.

5) 지지대 및 부속자재

① 설치상태

바람, 적설하중 및 구조하중에 견딜 수 있도록 설치하여야 한다. 건축물의 방수 등에 문제가 없도록 설치하여야 하며, 볼트조립은 헐거움이 없이 단단히 조립하여야 한다. 단, 모듈지지대의 고정볼트에는 스프링와셔 또는 풀림방지너트 등으로 체결한다.

② 지지대, 연결부, 기초(용접부위 포함)

태양전지판 지지대 제작 시 형강류 및 기초지지대에 포함된 철판부위는 용융아연도금처리 또는 동등 이상의 녹방지 처리를 하여야 하며, 절단가공 및 용접부위는 방식처리를 하여야 한다.

③ 체결용 볼트, 너트, 와셔(볼트캡 포함)

용융아연도금처리 또는 동등 이상의 녹방지 처리를 하여야 하며 기초 콘크리트 앵커볼트 부분은 볼트캡을 착용하여야 하며, 체결부위는 볼트규격에 맞는 너트 및 스프링와셔를 삽입, 체결하여야 한다.

6) 전기배선 및 접속함

① 연결전선

태양전지에서 옥내에 이르는 배선에 쓰이는 전선은 모듈전용선 또는 TFR-CV선을 사용하여야 하며, 전선이 지면을 통과하는 경우에는 피복에 손상이 발생되지 않게 별도의 조치를 취해야 한다.

② 커넥터(접속 배선함)

㉠ 태양전지판의 프레임을 부착할 경우에는 흔들림이 없도록 고정되어야 한다.

㉡ 태양전지판 결선 시에 접속배선함 구멍에 맞추어 압착단자를 사용하여 견고하게 전선을 연결해야 하며, 접속배선함 연결부위는 일체형 전용커넥터를 사용한다.

③ 태양전지판 배선

태양전지판 배선은 바람에 흔들림이 없도록 케이블 타이(Cable Tie) 등으로 단단히 고정하여야 하며 태양전지판의 출력배선은 군별·극성별로 확인할 수 있도록 표시하여야 한다.

④ 태양전지판 직, 병렬상태

태양전지 각 직렬군은 동일한 단락전류를 가진 모듈로 구성하여야 하며 1대의 인버터에 연결된 태양전지 직렬군이 2병렬 이상일 경우에는 각 직렬군의 출력전압이 동일하게 형성되도록 배열하여야 한다.

⑤ 역전류방지다이오드

㉠ 1대의 인버터에 연결된 태양전지 직렬군이 2병렬 이상일 경우에는 각 직렬군에 역전류방지다이오드를 별도의 접속함에 설치하여야 하며, 접속함은 발생하는 열을 외부에 방출할 수 있도록 환기구 및 방열판 등을 갖추어야 한다.

㉡ 용량은 모듈 단락전류의 2배 이상이어야 하며 현장에서 확인할 수 있도록 표시하여야 한다.

⑥ 접속반

접속반의 각 회로에서 휴즈가 단락되어 전류차가 발생할 경우 LED 조명등 표시(육안확인 가능) 등의 경보장치를 설치하여야 한다. 단, 주택지원사업의 태양광 주택의 경우, 외부에서 확인 가능한 조명등 또는 경보장치를 설치하여야 하며, 실내에서 확인 가능한 경우에는 예외로 한다.

⑦ 접지공사

전기설비 기술기준에 따라 접지공사를 하여야 하며, 낙뢰의 우려가 있는 건축물 또는 높이 20m 이상의 건축물에는 건축물의 설비기준 등에 관한 규칙 제20조(피뢰설비)에 적합하게 피뢰설비를 설치하여야 한다.

⑧ 전압강하

태양전지판에서 인버터 입력단간 및 인버터출력단과 계통 연계점간의 전압강하는 각 3%를 초과하여서는 안 된다. 단, 전선의 길이가 60m를 초과하는 경우에는 아래 표 1-3에 따라 시공할 수 있다. 전압강하 (또는 측정치)를 설치확인 신청 시에 제출하여야 한다.

표 1-3 전선길이에 따른 전압강하

전선길이	전압강하
120m 이하	5%
200m 이하	6%
200m 초과	7%

⑨ 전기공사

전기사업법에 의한 사용전 점검 또는 사용전 검사에 하자가 없도록 시설을 설치하여야 한다.

7) 인버터

① 제품

센터에서 인증한 인증제품을 설치하여야 하며, 해당용량이 없어 인증을 받지 않은 제품을 설치할 경우에는 신·재생에너지 설비 인증에 관한 규정 상의 효율시험 및 보호기능시험이 포함된 시험성적서를 제출하여야 한다. 기타 인증대상설비가 아닌 경우에는 제39조의 분야별위원회의 심의를 거쳐 신재생에너지센터소장이 인정하는 경우 사용할 수 있다.

② 설치상태

옥내·옥외용을 구분하여 설치하여야 한다. 단, 옥내용을 옥외에 설치하는 경우는 5kW 이상 용량일 경우에만 가능하며 이 경우 빗물침투를 방지할 수 있도록 옥내에 준하는 수준으로 외함 등을 설치하여야 한다.

③ 설치용량

인버터의 설치용량은 설계용량 이상이어야 하고, 인버터에 연결된 모듈의 설치용량은 인버터의 설치용량 105% 이내이어야 한다. 단, 각 직렬군의 태양전지 개방전압은 인버터 입력전압 범위 안에 있어야 한다.

④ 표시사항

입력단(모듈출력) 전압, 전류, 전력과 출력단(인버터출력)의 전압, 전류, 전력, 역률, 주파수, 누적발전량, 최대출력량(peak)이 표시되어야 한다.

8) 기타

① 명판

㉠ 모든 기기는 용량, 제작자 및 그 외 기기 별로 나타내어야 할 사항이 명시된 명판을 부착하여야 한다.

㉡ 신·재생에너지 설비 명판 설치기준의 명판을 제작하여 인버터 전면에 부착하여야 한다.

그림 1-3 신·재생에너지 설비 명판 설치기준

설비명		
용 량	"아래의 원별 표시사항 기재"	
관리번호		
준공년월		
A/S 연락처	통합신고센터	전화번호
		HomePage 주소
	설치전문기업	전화번호
		HomePage 주소

※ 본 설비는 산자부고시 제OOOO-O호에 의거하여 설치된 설비로 용도전환, 양도 및 폐기 등의 사유가 발생할 경우에는 센터로 연락하여 주시기 바랍니다.

- 신·재생에너지 시공·A/S 전문기업 -

산업자원부 | 에너지관리공단 신·재생에너지센터

ㅇ규격: 가로10cm×세로12cm

ㅇ재질 : 바탕판 아크릴 (투명아크릴 합체)

ㅇ색상 : 하얀 바탕에 도안 양식 적용

ㅇ부착방법 : 설비의 설치를 완료한 후에 지정된 장소에 전문기업이 자체 제작하여 부착

ㅇ태양광 원별 표시사항 : 설치용량(모듈용량 및 대수), 인버터 용량 및 대수

② 가동상태

인버터, 전력량계, 모니터링 설비가 정상작동을 하여야 한다.

③ 모니터링 설비

『모니터링시스템 설치기준』에 적합하게 설치하여야 한다.

④ 운전교육

전문기업은 설비 소유자에게 소비자 주의사항 및 운전매뉴얼을 제공하여야 하며 운전교육을 실시하여야 한다.

⑤ 건물일체형 태양광시스템(BIPV : Building Integrated PhotoVoltaic))

㉠ 건물일체형 태양광시스템(BIPV : Building Integrated PV)이란 태양광 모듈을 건축물에 설치하여 건축 부자재의 역할 및 기능과 전력생산을 동시에 할 수 있는 시스템으로 창호, 스팬드럴, 커튼월, 이중파사드, 외벽, 차양시설, 아트리움, 슁글, 지붕재, 캐노피, 테라스, 파고라 등을 범위로 한다. 건물일체형 태양광시스템은 전력생산 및 부자재의 기능을 동시에 고려하여 건축물의 형상과 조화를 이루면서 동시에 지역의 방위각 및 경사각 변화에 따른 발전량 분포를 참고하여 발전량을 극대화할 수 있는 위치를 선정하여야 한다.

㉡ 신청자(소유자, 발주처 등을 포함), 설계자 및 시공자는 다음의 사항을 준수하여 설계·시공하고 감리원은 확인하여야 한다.

- 「건축물의 설비기준 등에 관한 규칙」(국토해양부령) 및 「건축물에너지 절약설계기준」(국토해양부고시)에 의해 단열을 해야 하는 BIPV와 연결된 건축물 부위에는 열손실 방지 대책을 설계, 시공 시 반영하여야 한다.
- 모듈온도 상승에 의한 모듈 등 건축 부자재 파괴를 방지하고 발전량 저감을 최소화할 수 있도록 하기 위해 모듈 배면으로의 태양일사 유입을 최소화하거나 모듈 배면에 통풍이 가능한 방안을 설계, 시공 시 반영하여야 한다. 특히 내부 공기량이 적은 스팬드럴 등의 부위에 설치되는 경우, 백쉬트 방식을 적용하거나 GTOG(Glass To Glass)방식의 경우 모듈의 셀 대비 유리면적 비율 축소, 일사획득계수가 낮은 BIPV 창호 적용 등 실내로의 태양일사유입을 최소화하기 위한 적절한 방안을 설계 시 반영하여야 한다.
- 방수기능은 외부의 비 또는 눈을 차단하는 것으로 모듈은 물론 모듈 외의 건축외피와 모듈 사이의 접합부위 및 모듈간의 접합부위를 밀실하게 하여야 한다.

⑥ 역전류방지다이오드 용량, 모듈 사양 또는 지지대(재료, 연결부, 기초 등)에 대한 표시 및 부착 상태 등 육안으로 확인이 어려운 경우에는 관련규격서 또는 검수자료 등으로 확인할 수 있다.

2. 전기공사의 절차

태양광발전설비의 전기공사는 태양전지 모듈의 설치와 동시에 진행된다. 그림 1-4에 나타낸 것처럼, 태양전지 모듈간의 배선은 물론 접속함이나 인버터 등과 같은 설비와 이들 기기 상호 간을 순차적으로 접속한다.

그림 1-4 전기공사 절차

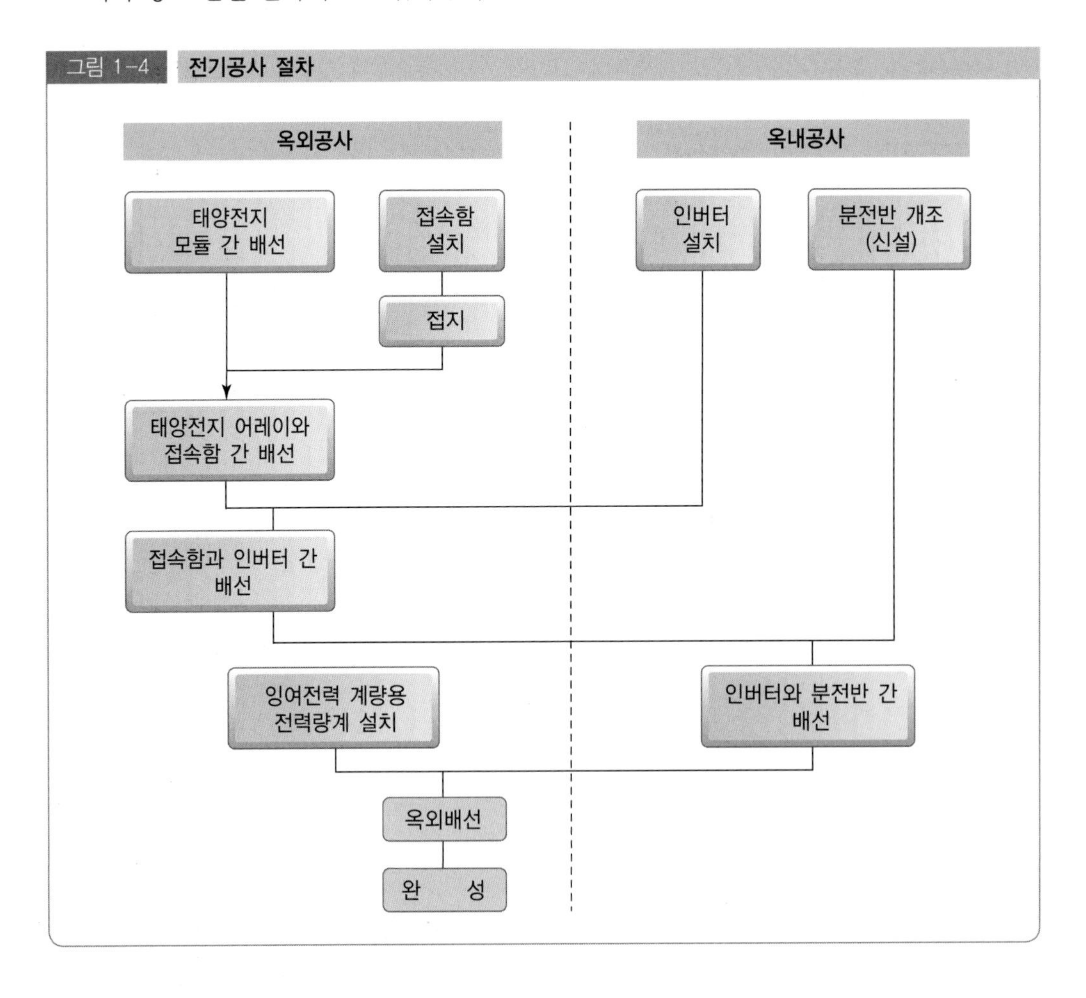

3. 태양광발전시스템 시공 시 필요한 장비목록

(1) 시공설비 장비

시공설비 장비로는 해머 드릴, 임팩트 렌치, 해머 브레이커, 앵글 천공기, 메탈 커터, 레벨기 등 여러 가지가 있다.

그림 1-5 태양광발전시스템 시공설비 장비

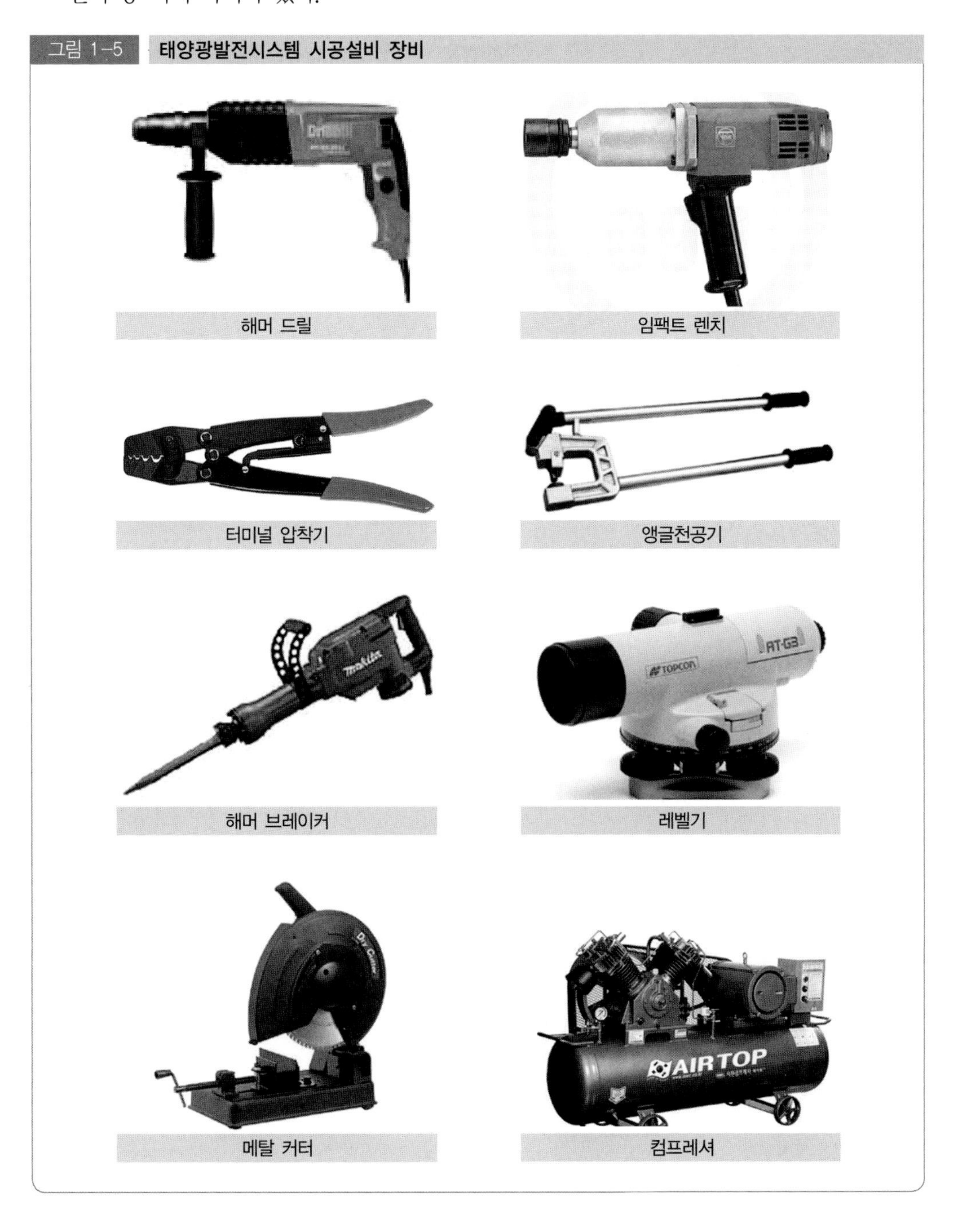

(2) 검사장비

솔라경로추적기, 열화상카메라, 지락전류시험기, 디지털 멀티미터, 접지저항계, 절연저항계, 내전압 측정기, GPS 수신기, RST 3상 테스터 등 여러 가지가 있다.

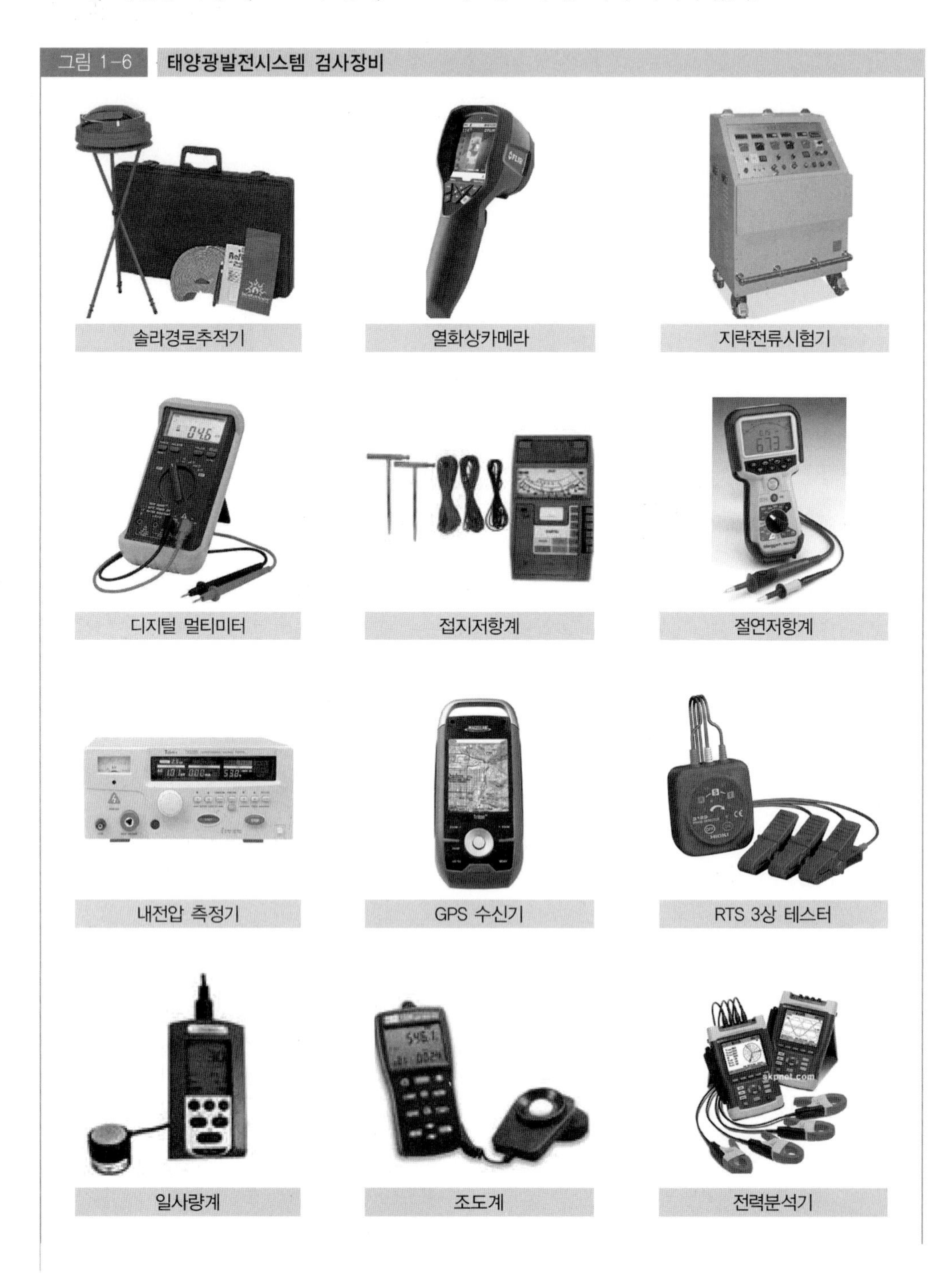

그림 1-6 태양광발전시스템 검사장비

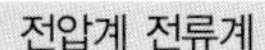
전압계 전류계

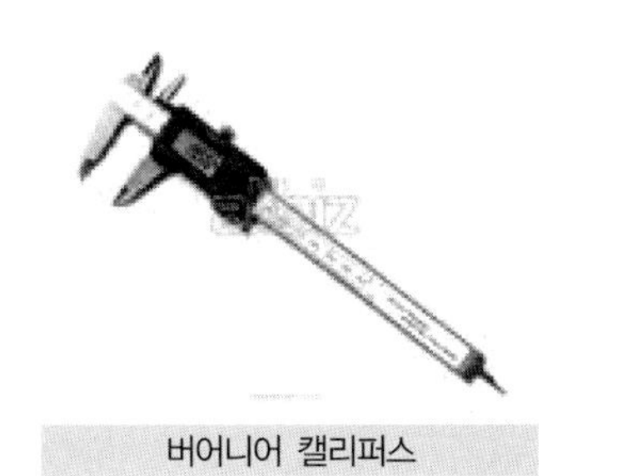
버어니어 캘리퍼스

4. 태양광발전시스템 관련기기 반입 및 검사

본 공사 전에 반입될 자재들은 정확하고 확실하게 준비되어야 하며, 자재의 반입이나 운송과정에서 파손이나 분실 등이 발생하지 않도록 견고하게 포장되어야 한다. 자재들이 현장에 반입되면 파손된 부분은 없는지 정해진 규격대로 되었는지 수량은 정확한지 등을 확인하기 위해 철저한 검수가 이루어져야 한다.

반입되어야 할 필수자재들은 절차에 의한 승인이나 신고된 것들로 아래와 같은 내용들을 검수해야 한다.

(1) 모듈

모델번호, 시리얼번호, 인증서, 운송보험증서, 규격, 수량, 파손유무, 프레임 상태 등

(2) 인버터

모델번호, 시리얼번호, 인증서, 운송보험증서, 규격, 수량, 파손유무 등

(3) 지지대

도금상태, 시리얼번호, 관련도서, 운송보험증서, 규격별 수량, 이상유무 등

(4) 접속반

내부부품확인, 시험성적서, 관련도서, 운송보험증서, 규격별 수량, 이상유무 등

(5) 송배전반

내부부품확인, 시험성적서, 관련도서, 운송보험증서, 규격별 수량, 이상유무 등

(6) CCTV와 모니터링

내부부품확인, 시험성적서, 관련도서, 운송보험증서, 규격별 수량, 이상유무 등

(7) 전선

모델번호, 관련도서, 운송보험증서, 규격별 수량, 이상유무 등

(8) 건축부자재

관련도서, 운송보험증서, 규격별 수량, 이상유무 등

(9) 토목부자재

관련도서, 운송보험증서, 규격별 수량, 이상유무 등

5. 태양광발전시스템 시공 안전대책

(1) 안전관리의 개요

태양광발전시스템의 시설 및 설치공사는 기본적으로 전기공사업 등록을 필한 전문기업에 의해 감전, 화재 그 밖에 사람에게 위해를 주거나 물건에 손상을 줄 우려가 없도록 시설되어야 한다. 또한, 태양광과 관련된 전기설비는 사용목적에 적절하고 안전하게 작동하고 그 손상으로 인하여 전기 공급에 지장을 주지 않아야 하며 다른 전기설비, 그 밖의 물건의 기능에 전기적 또는 자기적인 장해를 주지 않도록 시설해야 한다.

(2) 안전관리자 선임 및 관련법령

'안전관리' 라 함은 국민의 생명과 재산을 보호하기 위하여 이 법이 정하는 바에 따라 전기설비의 공사·유지 및 운용에 필요한 조치를 하는 것이라고 전기사업법에서는 규정하고 있다. 태양광발전설비는 안전한 관리를 위해 안전관리자가 선임되어야 하며, 1천킬로와트 미만의 용량인 것은 안전관리업무를 대행할 수 있다.

1) 안전관리업무의 대행 규모

안전공사, 전기안전관리대행사업자(대행사업자), 개인대행자가 안전관리업무를 대행할 수 있는 전기설비의 규모는 다음과 같다.

① 안전공사 및 대행사업자

다음의 어느 하나에 해당하는 전기설비(둘 이상의 전기설비 용량의 합계가 2천500킬로와트 미만인 경우로 한정한다)

- 용량 1천킬로와트 미만의 전기수용설비
- 용량 300킬로와트 미만의 발전설비. 다만 비상용 예비발전설비의 경우에는 용량 500킬로와트 미만으로 한다.
- 태양광발전설비로서 용량 1천킬로와트 미만인 것

② 개인대행자

다음의 어느 하나에 해당하는 전기설비(둘 이상의 용량의 합계가 1천50킬로와트 미만인 전기설비로 한정한다)

- 용량 500킬로와트 미만의 전기수용설비
- 용량 150킬로와트 미만의 발전설비. 다만 비상용 예비발전설비의 경우에는 용량 300킬로와트 미만으로 한다.
- 용량 250킬로와트 미만의 태양광발전설비

2) 전기안전관리자 자격의 완화

전기안전관리자를 선임하기 곤란하거나 적합하지 아니하다고 인정되는 지역 또는 전기설비의 범위와 전기안전관리자로 선임할 수 있는 사람의 자격기준은 다음과 같다.

① 다음의 어느 하나에 해당하는 전기설비

「국가기술자격법」에 따른 전기·토목·기계 분야 기능사 이상의 자격소지자 또는 「초·중등교육법」에 따른 고등학교의 전기·토목·기계 관련 학과 졸업 이상의 학력 소지자로서 해당 분야에서 3년 이상의 실무경력이 있는 사람

- 통행 또는 사용의 제한을 받는 군사시설보호구역에 설치된 설비용량 500킬로와트 이하의 전기설비
- 섬이나 외딴 곳에 설치된 설비용량 1천킬로와트 이하의 전기설비 및 발전설비
- 신에너지 및 재생에너지를 이용하여 전기를 생산하는 설비용량 1천킬로와트 이하의 발전설비

② 군사용시설에 속하는 전기설비 「국가기술자격법」에 따른 전기분야 기능사 이상의 자격소지자 또는 군 교육기관에서 정해진 교육을 이수한 사람

(3) 태양광발전시스템의 안전관리대책

1) 복장 및 추락방지

작업자는 자신의 안전확보와 2차 재해방지를 위해 작업에 적합한 복장을 갖춰 작업에 임해야 한다.

① 안전모 착용

② 안전대 착용(추락방지를 위해 필히 사용할 것)

③ 안전화(미끄럼 방지의 효과가 있는 신발)

④ 안전허리띠 착용(공구, 공사 부재의 낙하방지를 위해 사용된다)

2) 작업 중 감전방지대책

태양전지 모듈 1장의 출력전압은 모듈종류에 따라 직류 25~35V 정도이지만, 모듈

을 필요한 개수만큼 직렬로 접속하면 말단전압은 250~450V 또는 450~820V까지의 고전압이 된다. 따라서 작업 중 감전 방지를 위해 다음과 같은 안전대책이 요구된다.

① 작업 전 태양전지 모듈표면에 차광막을 씌워 태양광을 차폐한다.
② 저압 절연장갑을 착용한다.
③ 절연처리된 공구를 사용한다.
④ 강우 시에는 감전사고뿐만 아니라 미끄러짐으로 인한 추락사고로 이어질 우려가 있으므로 작업을 금지한다.

3) 자재반입 시 주의사항

공사용 자재반입 시 기중기차를 사용하는 경우, 기중기의 붐대 선단이 배전선로에 근접할 때, 공사 착공 전에 전력회사와 사전협의 하에 절연전선 또는 전력케이블에 보호관을 씌우는 등의 보호조치를 실시한다.

그림 1-7 자재반입 시 보호조치

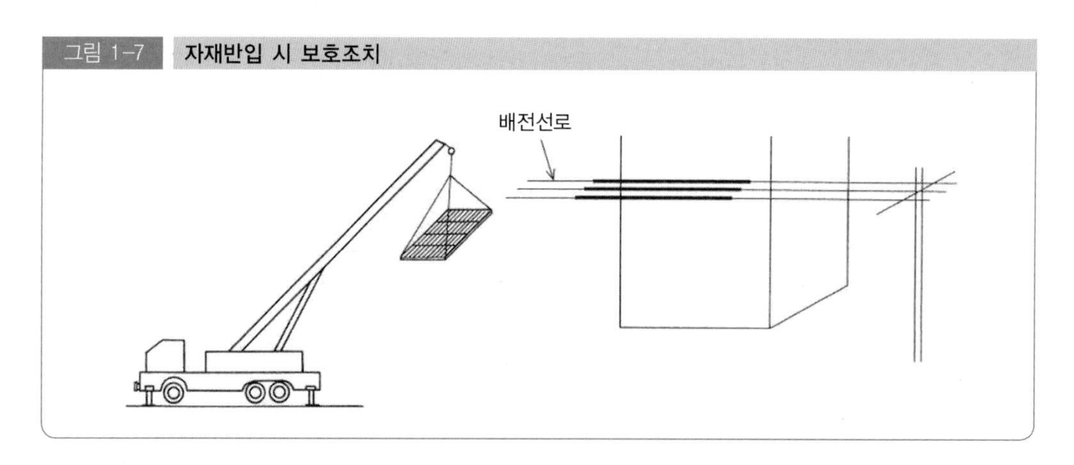

4) 태양전지 모듈 및 어레이 설치 후 확인·점검사항

태양전지 모듈의 배선이 끝나면, 각 모듈의 극성확인, 전압확인, 단락전류확인, 양극 중 어느 하나라도 접지되어 있지는 않은지 확인한다.
체크리스트에 확인사항을 기입하고 차후 점검을 위해 보관해 둔다.

① 전압·극성의 확인

태양전지 모듈이 바르게 시공되어, 설명서대로 전압이 나오고 있는지 양극, 음극의 극성이 바른지의 여부 등을 테스터, 직류전압계로 확인한다.

② 단락전류의 측정

전지 모듈의 설명서에 기재된 단락전류가 흐르는지 직류전류계로 측정한다. 타 모듈과 비교해 측정치가 현저히 다른 경우는 배선을 재차 점검한다.

③ 비접지의 확인

태양광발전설비 중 인버터는 절연변압기를 시설하는 경우가 드물기 때문에 일반적으로 직류측 회로를 비접지로 하고 있다. 비접지의 확인방법을 그림 1-8에 나타내었다. 또한, 통신용 전원에 사용하는 경우는 편단접지를 하는 경우가 있으므로 통신기기 제작사와 협의할 필요가 있다.

그림 1-8 비접지의 확인방법

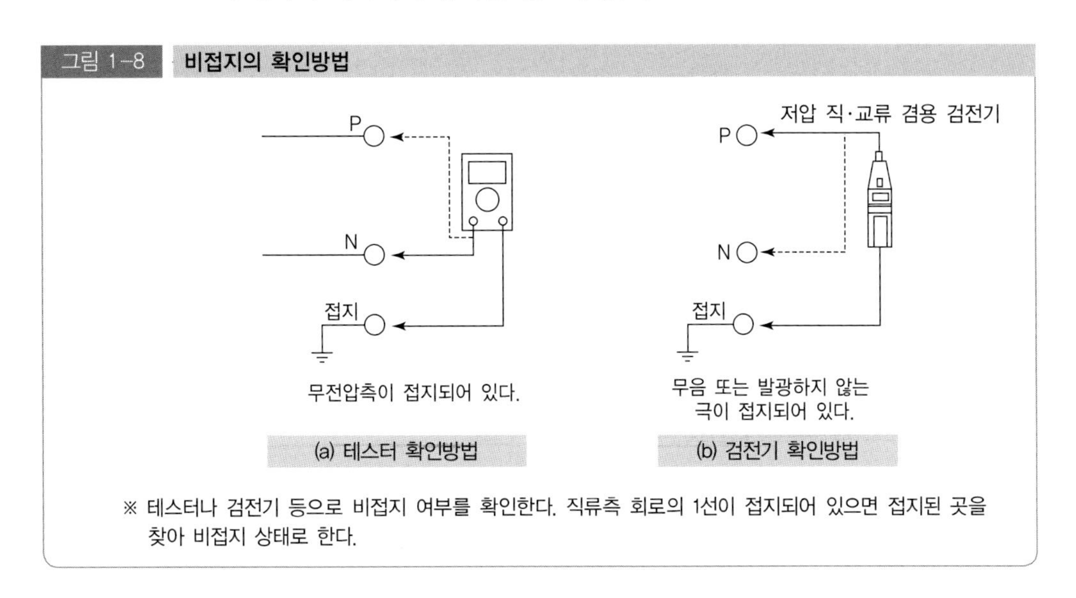

※ 테스터나 검전기 등으로 비접지 여부를 확인한다. 직류측 회로의 1선이 접지되어 있으면 접지된 곳을 찾아 비접지 상태로 한다.

④ 접지의 연속성 확인

모듈의 구조는 설치로 인해 접지의 연속성이 훼손되지 않은 것을 사용해야 한다.

표 1-4 태양광 모듈의 건축적 요구 성능

구분	요구성능
기후에 대한 성능	내후성, 내습성, 단열성, 기밀성 등
건축 구조적 성능	부착의 안정성, 외부 충격에 대한 내구성, 내화성, 보수의 용이성 등
거주자 요구조건에 대한 성능	실내외의 접촉 연계성, 공간의 확보성, 채광 및 차양 조절의 기능성, 실내의 쾌적성 등
건물내부 보호 성능	외부의 소음 차단, 오염 공기로부터의 보호, 오존 및 자외선 차단, 유해 곤충의 차단 등

6. 시공 체크리스트

태양전지 모듈의 배열 및 결선방법은 모듈의 출력전압이나 설치장소 등에 따라 다르기 때문에 체크리스트를 이용해 배열 및 결선방법 등에 대해 시공 전과 시공 완료 후에 각각 확인해야 한다.

그림 1-9 **체크리스트의 예**

시설명칭			태양광발전시스템 전기시공 공사 체크리스트						년 월 일 시공		
어레이 설치방향			기후			시공회사명					
북 북동 동 동남 남 남서 서 북서						전화번호			담당자명		
시스템 제조사명						용량		kW	연계	유	무
모듈 No1	개방전압 V	단락전류 A	지락 확인	인버터 입력전압V	인버터 출력전압V	모듈 No1	개방전압 V	단락전류 A	지락 확인	인버터 입력전압V	인버터 출력전압V
1	V	A		V	V		V	A		V	V
2	V	A		V	V		V	A		V	V
3	V	A		V	V		V	A		V	V
4	V	A		V	V		V	A		V	V
5	V	A		V	V		V	A		V	V
6	V	A		V	V		V	A		V	V
7	V	A		V	V		V	A		V	V
8	V	A		V	V		V	A		V	V
9	V	A		V	V		V	A		V	V
10	V	A		V	V		V	A		V	V
11	V	A		V	V		V	A		V	V
⋮	⋮	⋮	⋮	⋮	⋮	⋮	⋮	⋮	⋮	⋮	⋮
23	V	A		V	V		V	A		V	V
24	V	A		V	V		V	A		V	V
25	V	A		V	V		V	A		V	V
26	V	A		V	V		V	A		V	V
27	V	A		V	V		V	A		V	V
28	V	A		V	V		V	A		V	V
29	V	A		V	V		V	A		V	V
30	V	A		V	V		V	A		V	V
31	V	A		V	V		V	A		V	V
32	V	A		V	V		V	A		V	V
33	V	A		V	V		V	A		V	V
34	V	A		V	V		V	A		V	V
35	V	A		V	V		V	A		V	V
모듈번호		직렬		병렬		V		A		비고	

2 태양광발전시스템 구조물 시공

1. 발전형태별 구조물 시공

(1) 건물전용시스템 기초공사 및 구조물 설치

대부분 건물전용시스템의 경우 건물의 지붕에 설치하므로 지붕형태에 따라 경사지붕형과 평지붕형으로 분류할 수 있다.

설치방식과 형태를 결정함에 있어서 통풍의 여부가 매우 중요한데 그 이유는 태양전지 모듈은 고온일수록 출력이 저하되므로 태양전지 모듈의 발열을 저감시킬 수 있도록 통풍이나 온도저감 방안이 태양전지 모듈설치 시 반드시 검토되어져야 한다.

어레이는 설치형태에 따라 건물의 구조에 태양전지 모듈을 바로 붙여 건물의 일부가 되게 하는 경우와, 건물에 부착된 지지구조와 태양전지 모듈 사이에 일정한 공간을 둔 형태인 지지구조와 모듈이 평행하게 설치하는 경우로 구분할 수 있다.

건물전용시스템은 지붕에 고정철물을 고정하고 그 고정철물과 지지대 그리고 모듈을 설치하는 형태로 시스템이 구성되므로 기초공사의 경우 일반적인 지상설치 시스템과는 많은 차이가 있다.

지지대 제작, 설치는 고정하중, 적재하중, 적설하중, 풍압, 지진 등을 포함하여 태풍 또는 강풍 시 기본풍속 40m/s 이상, 최대순간풍속 60m/s 이상에 견디는 구조로 6홀 이상의 베이스판(평지붕)을 기반으로 안전하게 제작 설치하여야 한다. 지지대 제작 시 철재류는 아연도강관 등으로 구성하며, 아연용융도금을 시행한 후 현장에서 조립하는 것을 원칙으로 한다. 지지대를 설치하기 위하여 옥상에 슬래브나 앙카작업을 시행하는 경우 기존의 방수층을 손상하지 않는 방법으로 검토하여야 하며, 부득이 방수층을 침범 시는 누수가 발생하지 않도록 방수에 보다 신경을 써야 한다. 모든 지지대의 고정볼트는 스프링와셔를 체결하여야 하며 볼트풀림을 대비하여 볼트의 유동을 확인 할 수 있는 볼트위치 마크표시를 시행하여야 한다. 지지대 또는 모듈의 모서리(볼트 포함)는 관리자의 안전을 고려 안전캡으로 마무리하여야 한다.

태양광시설의 도입을 고려하지 않고 지어진 건물의 경우에 건축물의 지붕은 일반적으로 시공 시의 사람이나 기계 등에 의한 수직하중, 눈에 의한 적설하중, 바람에 의한 풍하중 밖에 고려하지 않았으므로 추가적으로 테양광발전설비를 설치하였을 경우는 반드시 설치 전에 안전성 여부가 검토되어야 하며 이런 경우 추가시설로 인한 하중을 분산시킬 수 있도록 구조적으로 보강할 필요가 있다.

체크포인트

▶태양광 설치유형에 따른 분류

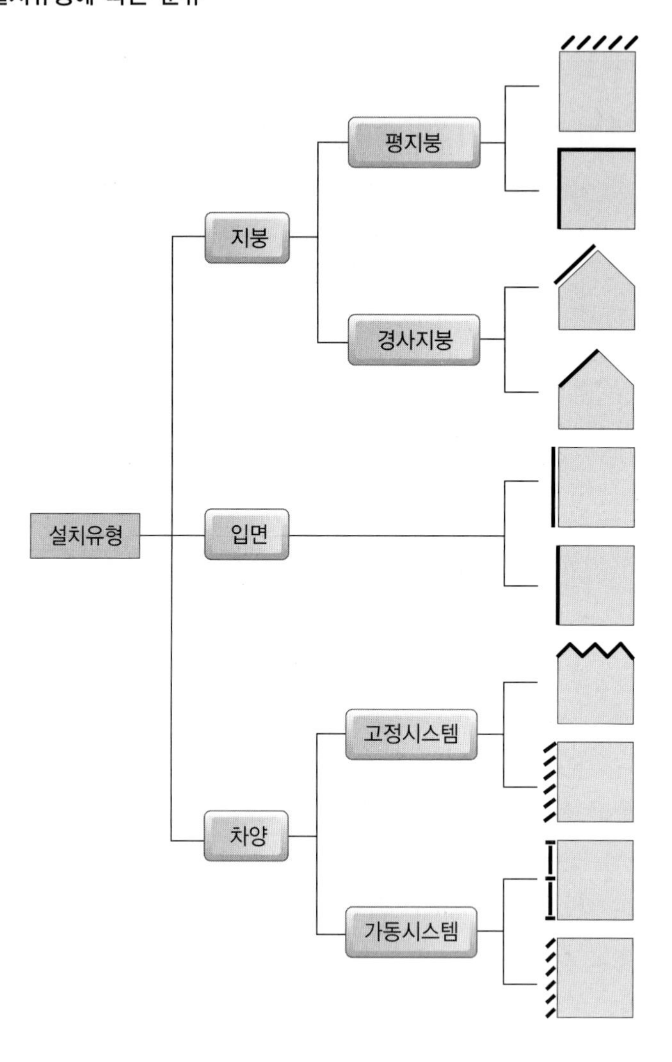

▶어레이 지지대(기둥) 설계

태양광발전 어레이 지지대는 사업지역에 따라 설치형태는 여러 가지가 있다. 지지대의 설계는 설치장소 상황 및 환경을 충분히 파악할 필요가 있다. 지지대의 설계는 어레이 구성 및 특성을 고려하여 다음과 같은 절차에 의해 설계한다.

사용할 PV 모듈, 경사각, 설치장소 결정
↓
PV 모듈의 배열 결정
↓
지지대의 형태, 높이 검토
↓
지지대의 구조 상정
↓
설계 적용 기준 선정
↓
상정최대하중 산출
↓
하중에 의한 부재응력 산출
↓
필요단면계수, 응력에 따른 재질, 형태, 크기 선정
↓
지지대 기초 설계

▶BIPV(건물일체형)과 PVIB

1. Building Integrated PhotoVoltaic (BIPV, 건물일체형)

건물계획 초기단계부터 건물의 일부분으로서 설계되어, 건물에 일체화된 PV 시스템을 말한다.

① 장점 : 건물 적용 시의 공통된 장점 이외에, 건물의 외장재로서 사용되어 그에 상응하는 비용을 절감할 수 있고, 건물과의 조화가 잘 이루어짐으로 건물의 부가적인 가치를 향상시킬 수 있다.

② 단점 : 온도 등 고려되어야 하는 부분이 있고, 신축건물이나 기존건물을 크게 개보수하는 경우에 적용 가능하다.

2. PhotoVoltaic In Building (PVIB)

기존의 건물 또는 신축건물의 경우에는 본래 건물의 일부분으로 계획되지 않았으나, 건물이 완전히 지어진 후에 건물에 PV를 부착 또는 거취시킨 것을 말한다.

① 장점 : 시공이 비교적 용이하고, 신축 및 기존 건물 어디에도 적용이 가능하다.

② 단점 : 가대 등 별도의 지지물이 필요하고, 건물과의 조화가 잘 이루어지지 않을 가능성이 있다.

1) 경사지붕형 태양광발전시스템

경사지붕은 프로파일을 이용한 방식이 주로 사용되는데 이 경우 설치경사각은 건물지붕의 경사각에 따라 달라지며 설치방향은 최대한 건물의 남향에 가까운 경사면을 선정하여 효율이 최대가 될 수 있도록 하며 통풍이 잘 되는 구조의 지붕에 태양전지를 설치하면 PV 모듈의 온도가 상승하는 것을 어느 정도 방지해 주기 때문에 좋다. 그러나 단열성능이 뛰어난 구조의 지붕에는 통풍효과가 없으므로 결정질 PV 모듈 보다는 비정질 PV 모듈을 설치하는 것이 좋다. PV 기술 특성상 일체화를 위해 지붕은 가능한 크고, 균일하며, 평평하고, 남향을 향한 경사진 지붕으로 하고 PV 모듈의 최대출력을 가져올 수 있는 지붕 경사각(20°~40°)이 되도록 하며 지붕 형태에 의해 특히 돌출부위 등에 의한 부분적으로나 전체적으로 그림자가 생기지 않는 지붕이 적절하다

금속철판이나 기와로 된 경사지붕에 태양광시설을 추가적으로 설치하기 위해서는 추가시설의 하중을 분산시킬 필요가 있다. 또한 가대 등을 설치할 때 충격이나 하중에 의해 지붕이 파손되지 않도록 완충재를 사용하는 등의 주의가 필요하다.

그림 1-10 다양한 경사지붕과 통합된 태양전지

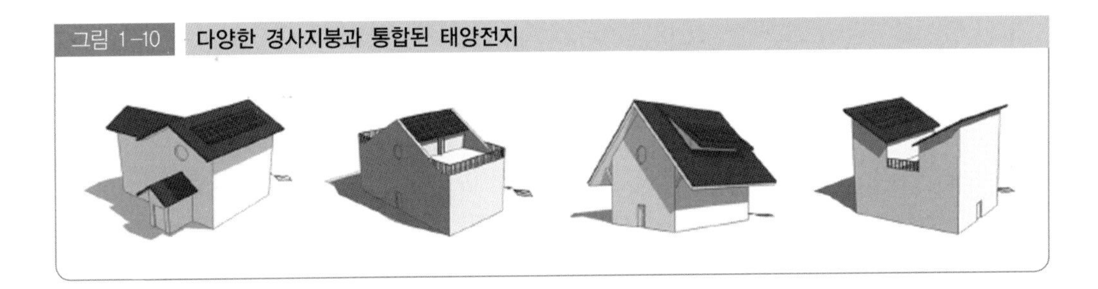

모듈의 설치방법은 지붕면의 슬레이트 또는 기와를 제거한 후 방수시트를 부착하고, 건물의 구조부에 지지철물과 고정철물을 설치한다. 지지철물 설치를 마친 후 다시 슬레이트 및 기와를 설치한다. 지지철물 및 고정철물의 설치 시 지붕면에 대한 접촉부는 하중을 분산시켜 지붕재료를 파손시키지 않도록 하며, 가대의 지붕재료 접촉부에는 실리콘, 고무, 스폰지 등 완충재를 설치한다. 또한 지붕의 빗물흐름을 방해하지 않도록 지붕면과의 사이에 공간을 둔다. 가대의 기본구조는 가대의 조립, 모듈의 가대에의 설치 및 모듈간 배선 등 각 작업을 용이하게 할 수 있는 구조여야 하며. 모듈의 가대고정은 모듈의 앞쪽 또는 옆쪽에서 고정하여야 한다. 그러나 측면에서 고정할 경우에는 이웃한 모듈과의 간격을 10cm 이상으로 확보할 필요가 있기 때문에 한정된 지붕면적을 효율적으로 이용할 수 없다. 따라서 대부분 모듈 위쪽에서 고정하는 방법을 사용한다.

그림 1-11 모듈의 가대 고정

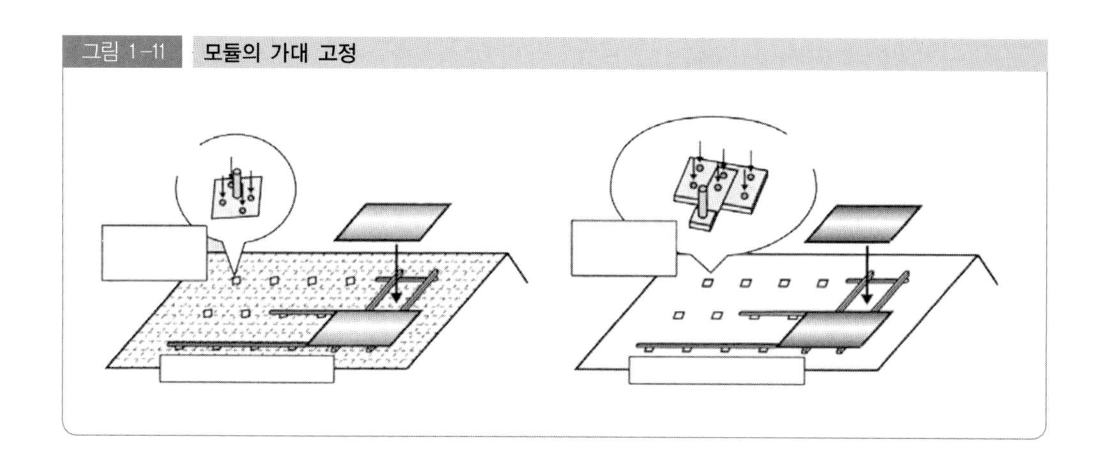

모듈의 설치 및 제거는 1장 단위로 이루어지도록 하며 작업의 용이성을 위해 윗면에서 모듈을 고정하는 방법을 권장한다. 그리고 태양전지의 온도상승을 억제하기 위해 모듈과 지붕면의 사이에 공간이 생기도록 하며, 모듈의 지지점은 하중의 균형을 고려하여 1:3:1의 포인트로 할 것을 권장한다. 모듈의 높이는 모듈 뒷면의 공기대류 및 공기속도에 영향을 미친다. 공기속도가 빠를수록 태양전지의 온도는 저하되고, 효율이 좋지만, 10cm 이상 높게 하여도 효과는 더 이상 커지지 않으므로 10cm 정도로 하는 것이 바람직하다.

연간 일사량이 최대가 되는 경사각도는 통상 설치장소의 위도보다 약간 작은 값이 된다. 한편 어레이에 가해지는 풍압하중은 어레이면이 지붕면에 평행인 상태에서 가장 작고, 약간의 경사를 주는 것만으로 급격하게 증가하며, 가대부재의 대형화 및 건물의 하중증가로 이어진다. 이 때문에 어레이면을 지붕면에 평행으로 하는 것이 종합적으로 최적이라고 할 수 있다.

그림 1-12 경사지붕 조립방법

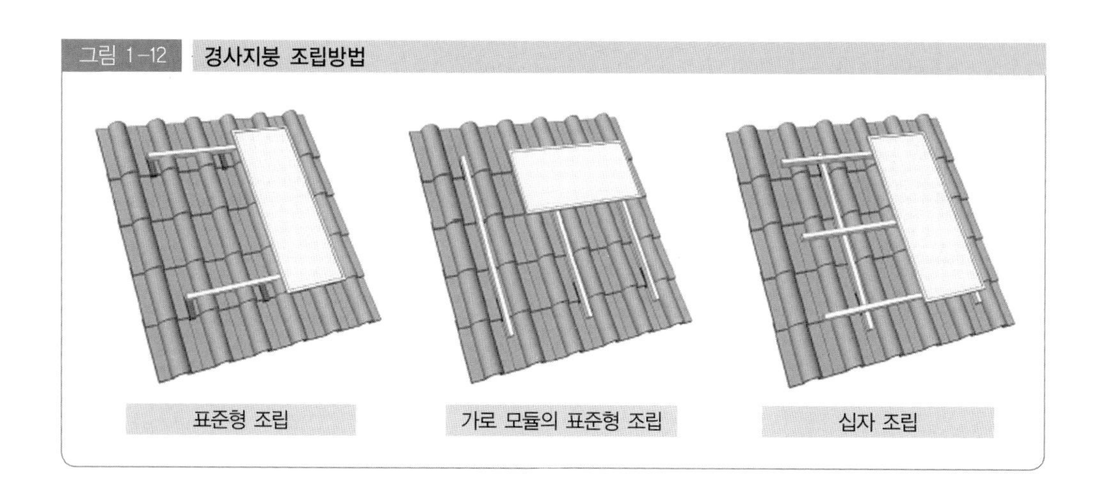

그림 1-13 기와 경사지붕 위에 태양전지판 조립

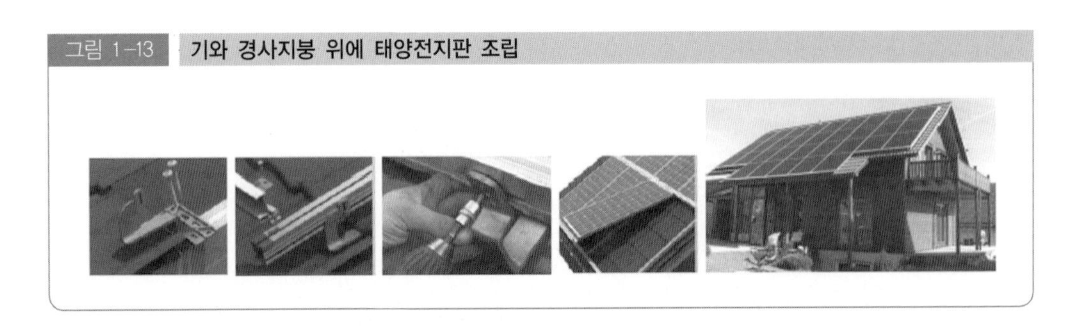

그림 1-14 금속철판 경사지붕 위에 태양전지판 조립

2) 평지붕형 태양광발전시스템

평지붕은 태양광발전에 매우 적절한 장소이다. 대부분 평지붕은 설치공간이 있고, 마감처리가 잘 되어 있어 그림자가 지지 않는 공간을 제공하고 있다. 따라서 이 장소는 PV 모듈을 설치하기에 적합하다.

평지붕에 PV 모듈을 설치할 때 검토할 사항은 하중을 얼마만큼 견딜 수 있는지, 통풍이 잘 되는 구조인지 및 녹화지붕의 유무, 디딜 수 있는 체류공간의 사용용도, 신축건물인지 또는 기존건물인지, 안테나 환기용 개구부 인접건물 등 그림자에 의한 방해요인을 확인해야 한다.

평지붕일 경우 모듈의 설치방법은 먼저 지붕 위에 콘크리트 기초를 세워 앞쪽 기초에는 레일을 깔고 뒤쪽기초에는 고정 수나사(anchor bolt)와 지지대(support rack)를 설치한 후에 전용 받침대(pannel frame)를 설치한다. 태양전지판은 볼트로 고정하며 볼트는 풍압하중을 견딜 수 있는 강도와 크기여야 한다.

평지붕용 가대는 모듈 뒷면에 충분한 작업공간이 없는 경우에는 경사지붕과 같은

그림 1-15 경사지붕 완전일체형 개념도

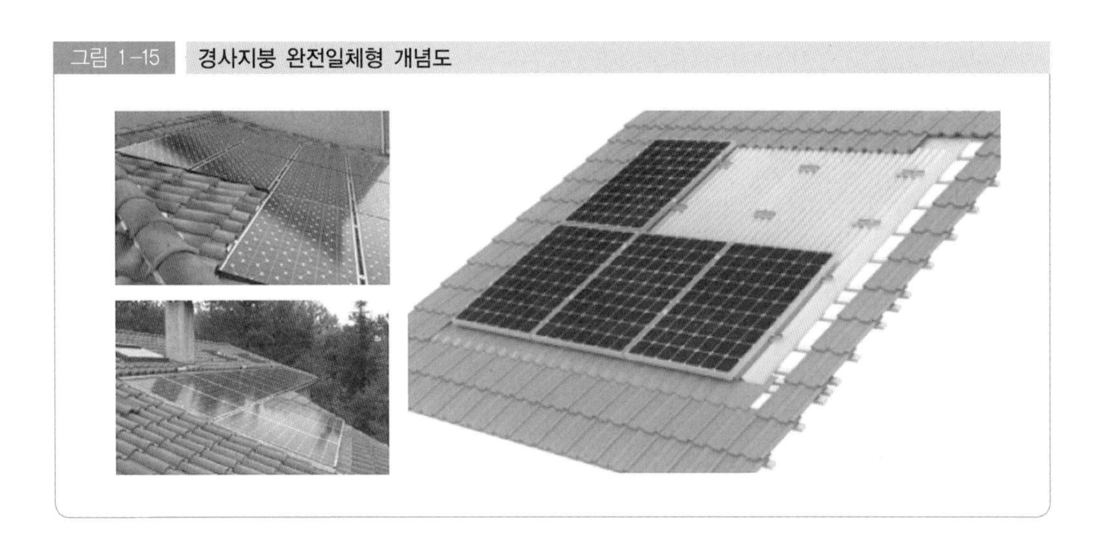

방법으로 고정하며, 가대의 지붕고정방법은 가대의 일부를 건물과 일체화하는 방법과 가대와 기초의 중량에 의해 어레이를 지붕면에 고정하는 방법의 두 종류가 있다.

전자의 경우 건물의 시공단계와 맞추어서 어레이를 설치하는 경우 가장 적합한 방법이다.

이에 비하여 기존건물과 같이 가대를 고정할 부재가 없는 경우에는 크게 지붕개량 공사가 수반되어 건설비용이 대폭 상승하는 경우가 발생한다. 또한 기초의 중량에 영향을 받아 어레이에 가해지는 바람방향의 풍압하중을 충분히 확인하여야 한다.

경사각도는 다설지역의 경우 어레이면의 적설을 고려하여야 한다. 어레이면의 적설은 경사각도가 급할수록 빠르게 미끄러져 떨어진다. 또한 어레이 위에 쌓인 눈이 어레이면의 각도에 의하여 미끄러지거나 기온이 올라가면 미끄러져 떨어져 어레이 전방에 쌓이면서 그늘의 원인이 되는 경우가 있다. 따라서 어레이면의 최소높이는 지붕면으로부터 50cm 정도로 결정하며 다설지역에서는 적설량을 고려하여 결정하여야한다

경사각도가 크고 태양전지판의 수가 많으면 최상층의 태양전지판이 높아져서 시공이 지장을 받을 수 있다. 따라서 평판지붕용 태양전지판은 뒤쪽에 볼트고정이 가능하도록 되어 있다. 또한 콘크리트 기초도 풍압과 적설량을 고려하여 강도와 크기를 정해야 한다.

평지붕에 PV를 통합하는 기술은 다음 형태로 구분할 수 있다.

① 하부바닥 고정방식의 PV 시공

PV 발전부의 가대를 지붕 위에 고정시키거나 또는 지붕의 하부 구조물에 포인트

형식으로 고정, 고정포인트 주위의 모든 층(단열, 방수 등)은 해당공사의 시방규정을 지키도록 한다.

② 비고정방식의 PV 시공

태양전지 모듈을 가대와 결합시킨 PV 발전부는 평지붕 위에서 원하는 곳에 설치할 수 있다.

이 시공방식의 PV 모듈은 자중으로 풍압에 견디고 자세를 유지한다. 이 방식에서는 시설물을 고정시키기 위해 지붕을 뚫을 필요가 없다. 밸런스를 잡기 위해 종종 지붕에 자갈을 깔거나 콘크리트 블록을 사용하기도 한다. 이 방식은 특별한 조립장비 없이 모듈을 설치할 수 있는 이점이 있다.

그림 1-16 평지붕 위에 다양한 거치대

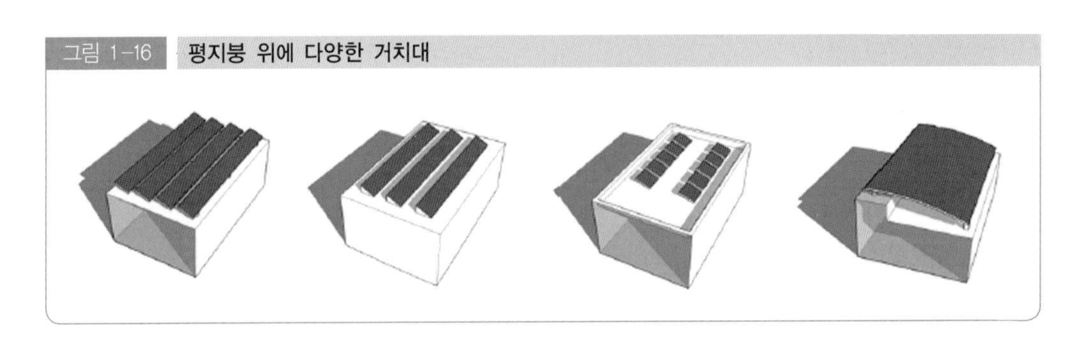

그림 1-17 평지북 위 가대 표준 설치방법

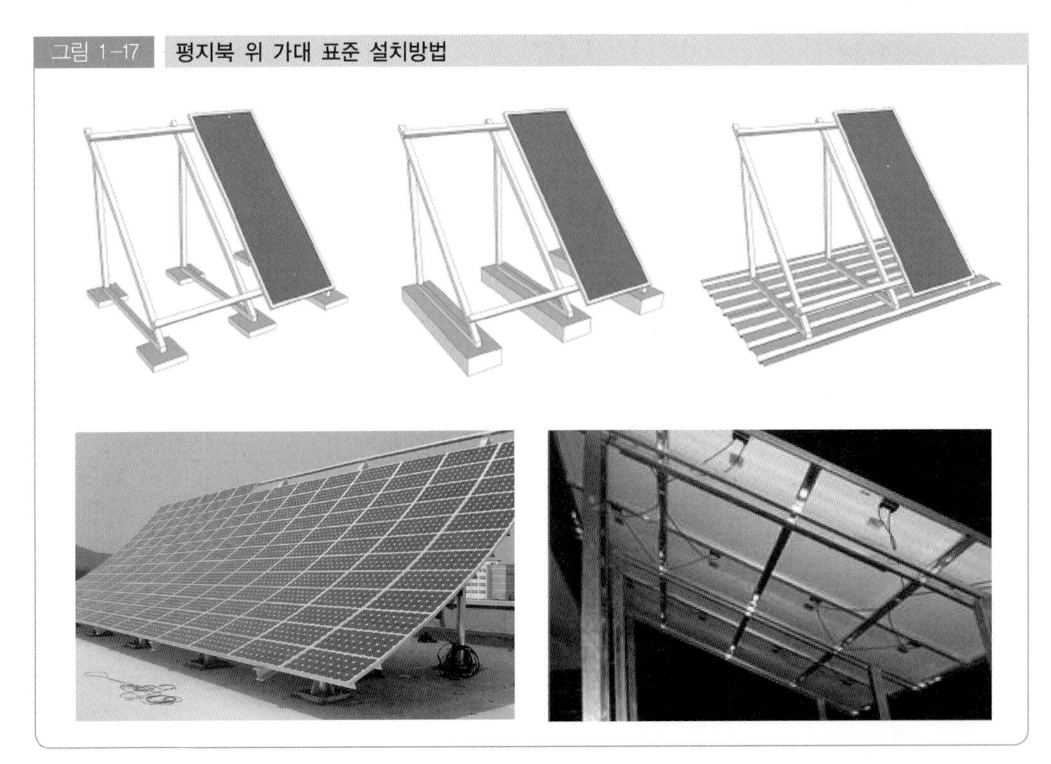

③ PV 지붕 박막재

이 시공기술은 일반 플라스틱필름에 태양전지 모듈을 접착하여 하나의 완성된 건축자재처럼 PV 모듈이 제공된다. 건물 방수층과 PV 모듈이 하나로 결합되어 있다.

체크포인트

▶Roof
- 기존 건축물 적용 시 태양전지 및 구조물의 무게에 따른 하중검토 필요
- 아트리움 등의 BIPV 적용 시 설계단계에서부터 적용

구 분	설치방식	기존건물	신축건물
지붕	• 평지붕형 – 건축형태에 따라 태양광시스템 옥상에 설치 – 별도기초/구조물 필요		
	• 경사지붕형 – 경사지붕에 모듈 부착 – 지붕과 통합 / 이미지 형상화 불가		
	• 아트리움형 – 지붕자연채광 – 지붕재와 태양전지 모듈의 통합	적용불가	

(2) 지상용 태양광시스템 기초공사 및 구조물 설치

지상에 태양광발전시스템을 설치하는 경우 면적확보가 가장 중요하며 어레이간 음영이 지지 않는 충분한 거리가 확보되어야 하며 건물의 이미지와 별도로 설치가 가능하다.

지상용 태양광시스템 구조물의 기초에는 여러 형태의 기초의 적용이 가능하나 일반적으로 지지층이 얕은 경우에는 독립기초를, 지지층이 깊은 경우에는 말뚝기초를 많이 사용한다.

다음의 그림 1-18은 기초공사에서부터의 태양광 설치완료까지의 장면을 나타내었다.

그림 1-18 지상용 태양광시스템 기초공사 및 구조물 설치

기초앙카 콘크리트 설치완료

태양광 구조물 공장 제작중

태양광 모듈 지지대 설치중

태양광 모듈설치중

지상용 태양광시스템 구조물의 기초에 작용하는 하중으로서 최우선으로 고려되는 것은 풍하중으로 강풍이 발생했을 때를 대비하여 어레이용 기초의 구조검토를 해서 시공하여야 한다.

풍하중의 경우 지역과 위치에 따라서 기준풍속에 차이가 나지만 일반적으로 국내의 경우는 30~40m/s의 기준풍속으로 설계한다.

지상설치용 대용량발전시스템은 소용량발전시스템과 마찬가지로 모듈의 특성에 따라 어레이용량 등을 결정하고 설계하지만 소용량과는 달리 어레이로 구성되어 있어 어레이 간의 이격거리를 잘못 설정하였을 경우 음영에 의한 시스템 효율저하를 초래할 수 있으므로 대용량발전시스템에서 어레이 설계 시 특히 어레이 간의 이격거리에 유의해서 설치하여야 한다.

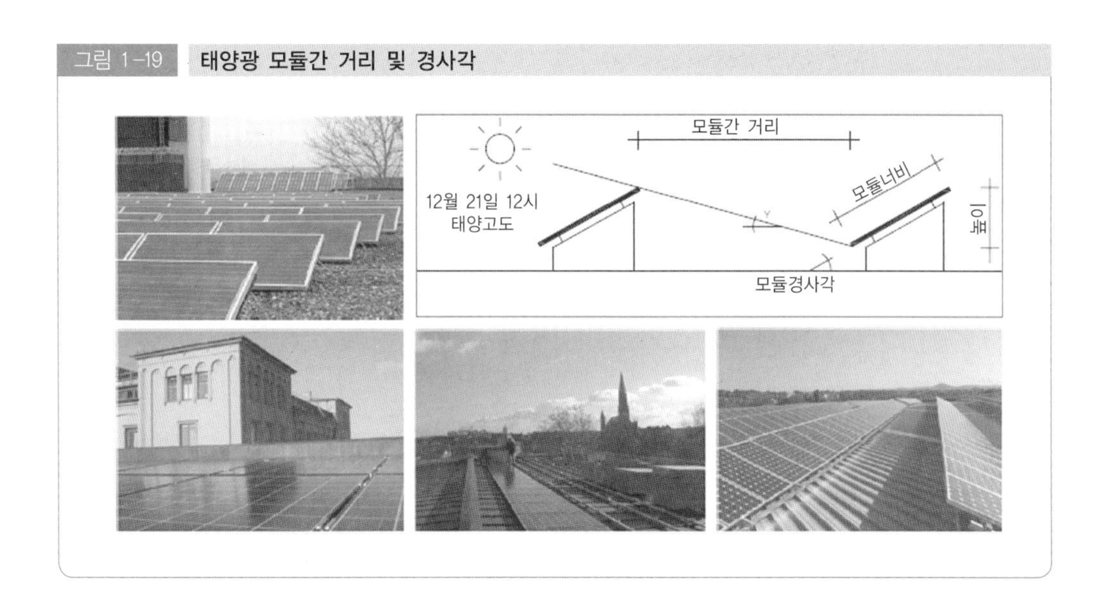

그림 1-19 태양광 모듈간 거리 및 경사각

2. 발전형태별 태양전지 어레이 설치

(1) 설치상태

태양전지 어레이의 지지물은 자중, 적재하중 및 구조하중은 물론 풍압, 적설 및 지진 기타의 진동과 충격에 견딜 수 있는 안전한 구조의 것이어야 하며 모든 볼트는 와셔 등을 사용하여 헐겁지 않도록 단단히 조립되어야 하며, 특히 지붕설치형의 경우에는 건물의 방수 등에 문제가 없도록 설치해야 한다.

표 1-5 구조물 볼트의 크기에 따른 힘 적용

볼트의 크기	M3	M4	M5	M6	M8	M10	M12	M16
힘(kg/cm^2)	7	18	35	58	135	270	480	1,180

(2) 지지대, 연결부, 기초(용접부위 포함)

태양전지 모듈 지지대 제작 시 형강류 및 기초지지대에 포함된 철판부위는 용융아연도금처리 또는 동등 이상의 녹방지처리를 해야 하며 용접부위는 방식처리를 해야 한다.

(3) 체결용 볼트, 너트, 와셔(볼트캡 포함)

용융아연도금처리 또는 동등 이상의 녹방지처리를 해야 하며 기초 콘크리트 앵커볼트의 돌출부분에는 볼트캡을 착용해야 한다.

그림 1-20 방식처리된 기초지지대의 용접부위

(4) 유지보수

태양전지 모듈의 유지보수를 위한 공간과 작업안전을 고려한 발판 및 안전난간을 설치해야 한다. 단, 안전성이 확보된 설비인 경우에는 예외로 한다.

3 배관, 배선 공사

1. 태양광 모듈과 태양광 인버터간의 배관배선

(1) 태양전지 모듈의 스트링(String) 배선

태양전지 모듈을 포함한 모든 부분은 노출되지 않도록 시설해야 한다. 또한, 태양전지 모듈의 배선은 바람에 흔들리지 않도록 케이블타이, 스테이플, 스트랩 또는 행거나 이와 유사한 부속으로 130cm 이내의 간격으로 단단히 고정하여 가장 많이 늘어진 부분이 모듈면으로부터 30cm 내에 들도록 하고, 태양전지 모듈의 출력배선은 군별·극성별로 확인할 수 있도록 표시해야 한다. 추적형 모듈과 같이 가동형 부분에 사용하는 배선은 가혹한 용도의 옥외용 가요전선이나 케이블을 사용해야 하며, 수분과 태양광으로 인해 열화되지 않는 소재로 제작된 것이어야 한다. 아래의 그림 1-21은 양호한 전선처리의 상태를 나타낸 것이다.

그림 1-21 태양광 모듈의 전선처리 상태

1) 태양전지 모듈 간 각 직렬군은 동일한 단락전류를 가진 모듈로 구성해야 하며 1대의 인버터에 연결된 태양전지 모듈 직렬군이 2병렬 이상일 경우에는 각 직렬군의 출력전압이 동일하게 형성되도록 배열해야 한다.

2) 태양전지 모듈 간의 배선은 단락전류에 충분히 견딜 수 있도록 $2.5mm^2$ 이상의 전선을 사용해야 한다.

3) 케이블이나 전선은 모듈 이면에 설치된 전선관에 설치되거나 가지런히 배열 및 고정되어야 하며, 이들의 최소 굴곡반경은 각 지름의 6배 이상이 되도록 한다.

4) PV 시스템의 전기적 특성에 따라, 고전압 시스템의 경우 전압을 높이기 위해 PV 모듈을 직렬연결하고, 대전류 시스템의 경우 전류를 높이기 위해서 모듈을 병렬로 연결하여 어레이를 구성한다.

5) 전류, 전압 특성이 다른 태양전지를 직·병렬 연결할 때는 태양전지의 발전량이 감소하고 연결부위에서 발열이 발생하므로 동일한 전기적 특성을 가지고 있는 모듈을 연결하여 사용해야 한다.

6) 개방전압[1], 단락전류[2], 절연저항[3]을 측정하고 그 측정치를 기록한다.

7) 커넥터 (접속 배선함)

① 태양전지 모듈의 프레임은 냉간압연강판 또는 알루미늄 재질을 사용하여 밀봉처리되어 빗물침입을 방지하는 구조이어야 하며 부착할 경우에는 흔들림이 없도록 고정되어야 한다.

② 태양전지 모듈 결선 시에 접속배선함 구멍에 맞추어 압착단자를 사용하여 견고하게 전선을 연결해야 하며 접속배선함 연결부위는 방수용 커넥터를 사용한다.

8) 개폐기 및 차단기의 설치

① 태양전지 모듈에 접속하는 부하 측의 전로(복수의 태양전지 모듈을 시설한 경우에는 그 집합체에 접속하는 부하 측의 전로)에는 그 접속점에 근접하여 개폐기, 기타 이와 유사한 기구(부하전류를 개폐할 수 있는 것에 한한다)를 시설해야 한다.

② 태양전지 모듈을 병렬로 접속하는 전로에는 그 전로에 단락이 생긴 경우에 전로를 보호하는 과전류차단기 또는 기타 기구를 시설해야한다. 다만 그 전로가 단락전류에 견딜 수 있는 경우에는 시설하지 않아도 된다.

9) 역전류방지다이오드의 설치

① 1대의 인버터에 연결된 태양전지 모듈의 직렬군이 2병렬 이상일 경우에는 역전류방지다이오드를 각 직렬군의 접속함에 설치해야 하며 이 접속함은 발생하는 열을 외부로 방출할 수 있도록 환기구 또는 방열판 등을 갖추어야 한다.

그림 1-22 단락전류와 개방전압

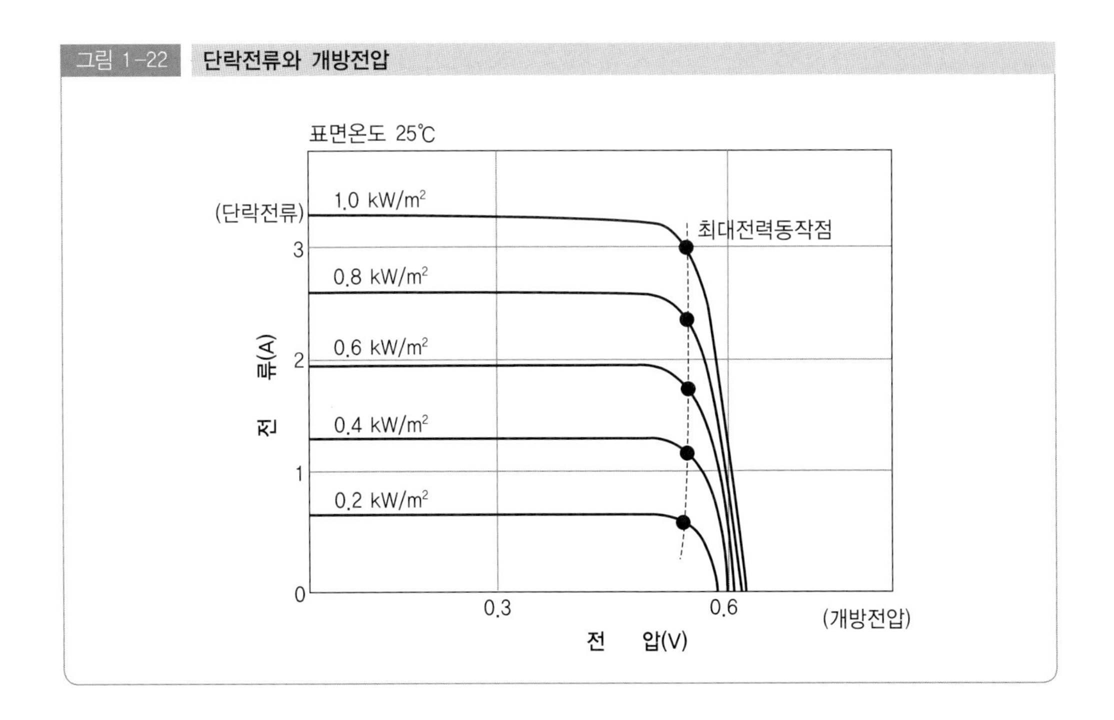

② 용량은 모듈 단락전류의 2배 이상이어야 하며 현장에서 확인할 수 있도록 표시해야 한다.

10) 모듈설치 시 주의사항

① 태양전지 모듈설치 시는 극성에 유의하여 모듈결선 시에는 전원구성을 정확히 확인한 후 도면에 따라 연결한다.

② 태양전지 모듈설치 전에는 모듈에 빛이 들어가지 않도록 검은 천으로 덮어둔다.

③ 태양전지 모듈결선 시 Junction Box 내에 빗물이나 수분이 침입하지 않도록 해야 한다.

④ 전선의 연결부위는 배관 내에서 연결하지 말아야 한다.

⑤ 전선 및 배관 자재는 필히 KS 인증품으로 사용한다.

⑥ 군별로 연결된 태양전지 출력선에 대하여 위치를 확인할 수 있도록 표시하여

---

1) 개방전압(Open circuit voltage under standard test condition) : 표준시험조건하에서 개방상태의 태양전지 모듈, 태양전지 스트링, 태양전지 어레이의 전압 또는 태양광 인버터의 DC 입력측 전압

2) 단락전류(Short current under standard test condition) : 표준시험조건하에서 단락상태의 태양전지 모듈, 태양전지 스트링, 태양전지 어레이의 단락전류

3) 절연저항 : KS C 1302에 규정하는 500V(시험품의 정격전압이 300V 초과 600V 이하의 것에서는 1000V)의 절연저항계 또는 이와 동등한 성능이 있는 절연저항계로 입력단자 및 출력단자를 각각 단락하고 그 단자와 대지 사이에서 측정한다.

야 하고, 준공 시 단락전류 및 개방전압 등을 Check하여 이상이 없도록 하여야 하고, 이상발생 시 즉시 재시공 한다.

⑦ 지지대 내에 연결된 배선결속의 마무리는 외부 태양열로부터 보호되는 자재로 깔끔히 처리하여야 한다.

⑧ 접속반 내 직류입력단에는 퓨즈를 설치한다.

⑨ 배선의 종류는 모듈전용선 또는 TFR-CV 케이블을 사용한다.

⑩ 태양광 모듈 외곽은 안전 및 각종 서지로부터 보호하기 위해 모듈간 본딩을 하여야 한다.

⑪ 태양전지 모듈의 단락전류는 최대동작전류보다 약간 크며 일사량에 따라 달라지므로 단락이 발생할 경우를 대비해서 DC 차단기능을 가진 차단기만 사용한다.

표 1-6 전로의 사용저항 판정기준

전로의 사용전압 구분		절연저항값
400V 미만	대지전압(접지식 전로는 전선과 대지간의 전압, 비접지식 전로는 전선간의 전압을 말한다.) 이 150V 이하인 경우	0.1MΩ 이상
	대지전압이 150V를 넘고 300V 이하인 경우(전압측 전선과 중성선 또는 대지간의 절연저항)	0.2MΩ 이상
	사용전압이 300V를 넘고 400V 미만인 경우	0.3MΩ 이상
400V 이상		0.4MΩ 이상

(2) 접속함 및 인버터의 설치

그림 1-23 접속함 및 인버터 설치

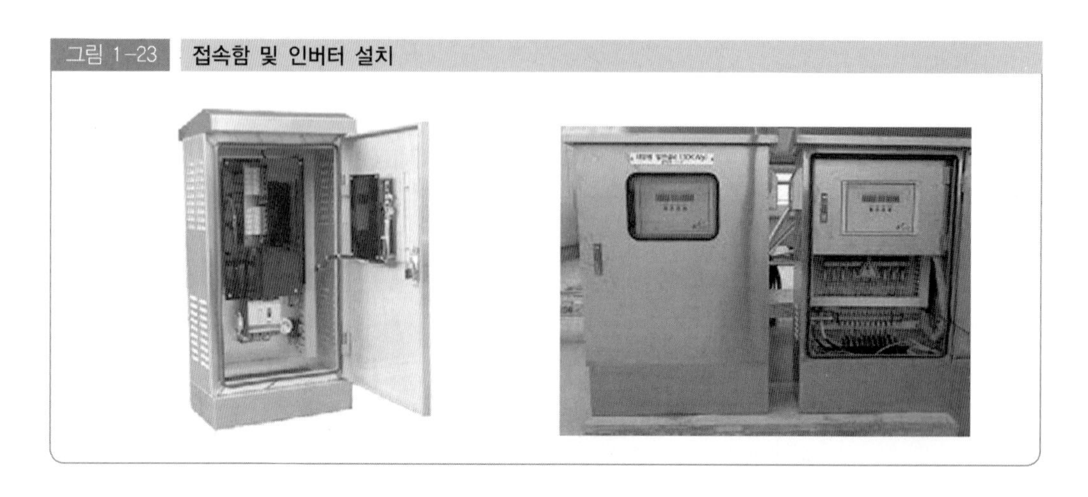

1) 접속함의 설치

태양전지(PV) 어레이 접속함 여러 개의 태양전지 모듈의 스트링(String)을 하나의 접속점에 모아 보수 및 점검 시에 회로를 분리하거나 점검작업을 용이하게 하며, 태양전지 어레이에 고장이 발생해도 정지범위를 최대한 적게 하는 등의 목적으로 보수 점검이 용이한 장소에 설치한다. 접속함에는 공급단자, 차단기, 열류방지소자, 피뢰소자 등으로 구성된다.

① 태양광 어레이 접속함의 종류

모듈 보호전류에 의한 분류	사용전압에 의한 분류
10A 이하	600V 이하
10A 초과 15A 이하	600V 초과 1000V 이하
15A 초과	1000V 초과

② 접속함 표면에는 다음의 사항을 표시하여야 한다.

- 제조업체명 또는 상호
- 제조년월일, 제조번호
- 종별 및 형식
- 보조회로의 정격전압
- 작동전류의 유형(태양전지 출력을 제어하기 위한 제어부품이 있는 경우에 사용될 주파수, 교류의 경우)
- 각 회로의 정격전류(적용가능한 경우)
- 보호등급
- 재료군(작성 예, 재료군 Ⅱ 400≤CTI≤600)
- 접속함이 설계된 접지체계의 유형
- 내부 분리형태
- 경고사항(접속함 안의 충전부가 태양광 인버터로부터 분리된 후에도 여전히 충전상태일 수 있다는 것을 표시하는 경고 등)
- 가급적 높이, 폭(또는 길이), 깊이 순서대로의 치수
- 무게

2) 인버터의 설치

① 제품

신·재생에너지센터에서 인증한 인증제품을 설치해야 하며 해당용량이 없을

경우에는 국제공인시험기관(KOLAS), 제품인증기관(KAS) 또는 시험기관 등의 참고시험성적서를 받은 제품을 설치해야 한다.

② 설치상태

옥내·옥외용을 구분하여 설치해야 한다. 단, 옥내용을 옥외에 설치하는 경우는 5kW 이상 용량일 경우에만 가능하며 이 경우 빗물의 침투를 방지할 수 있도록 옥내에 준하는 수준(외함 등)으로 설치해야 한다.

③ 정격용량

정격용량은 인버터에 연결된 모듈의 정격용량 이상이어야 하며 각 직렬군의 태양전지 모듈의 출력전압은 인버터 입력전압 범위 내에 있어야 한다.

④ 전력품질 및 공급의 안정성

태양광발전설비가 계통전원과 공통접속점에서의 전압을 능동적으로 조절하지 않도록 하며, 해당 수용가의 전압과 해당 발전설비로 인해 기타 수용가의 표본측정 지점에서의 전압이 표준전압에 대한 전압유지범위를 벗어나지 않도록 하며, 만약 이 범위를 유지하지 못하는 경우, 전력회사와 협의해 수용가의 자동전압 조정장치, 전용변압기 또는 전용선로 설치 등의 적절한 조치를 취해야 한다.

또한, 저압연계의 경우 수용가에서 역조류가 발생했을 때 저압배전선 각부의 전압이 상승해 적정치를 이탈할 우려가 있으므로 해당 수용가는 다른 수용가의 전압이 표준전압을 유지하도록 하기 위한 대책을 실시한다. 전압상승 대책은 개개의 연계마다 계통 측 조건과 발전설비 측 조건을 고려해 전력회사와 협의하는 것이 기본이나, 개별협의기간 단축과 비용절감 측면에서 대책에 대해 표준화하여 두는 것이 바람직하다. 특고압 연계 시에는 중부하 시 태양광발전원을 분리시킴으로써 기타 수용가의 전압이 저하될 수 있으며, 역조류에 의해 계통전압이 상승할 수 있다. 전압변동의 정도는 부하의 상황, 계통구성, 계통운용, 설치점, 자가용발전설비의 출력 등에 의해 다르므로 개별적인 검토가 필요하다. 전압변동 대책이 필요한 경우는 수용가는 자동전압 조정장치를 설치할 필요가 있으며, 대책이 불가능할 경우에는 배전선을 증강하거나 또는 전용선으로 연계하도록 한다.

태양광발전원에 의해 계통으로 투입되는 고조파전류는 공통접속점에서 측정한 값이 표 1-7에 제시된 한계치를 초과하지 않아야 한다.

투입되는 고조파 전류에서 계통 자체에 존재하는 전압 고조파 왜형으로 인한 고조파 전류성분은 제외되어야 한다.

표 1-7 전류에 대한 백분율로 나타낸 최대 고조파 전류 왜형[4)]

고조파 차수	<11	11≤h<17	17≤h<23	23≤h<35	35≤h	TDD
비율(%)	4.0	2.0	1.5	0.6	0.3	5.0

㉠ 태양광발전원이 없을 때의 해당 수용가 계통의 15분 최대부하전류 또는 (태양광발전원과 공통접속점 사이에 변압기가 있을 경우 공통접속점 측) 태양광발전원의 정격전류 중 큰 값에 대한 고조파 전류의 비율을 말한다.
㉡ 짝수 고조파는 위의 홀수 고조파의 25% 이하로 한다.
㉢ 측정값은 10분 평균값을 취한다.

◈ 고조파 관리 시 전압 왜형율

고조파 관리 시 전압 왜형율은 전력회사에서 계통운용에 필요한 관리 목표치이며, 전류 왜형율은 각 전기설비로부터 전력계통에 유출되는 고조파 전류를 억제하기 위해 관리하는 값이므로, 신재생에너지전원에 의한 고조파 영향을 제한하기 위해서는 연계계통으로 유출되는 고조파 전류에 대한 제한치를 두어 관리하는 것이 타당하다. 따라서 태양광발전원으로부터 배전계통으로 유입되는 고조파 전류의 기준치로서 현재 국제적으로 통용되고 있는 IEEE P1547과 IEEE 519에서 규정한 고조파 전류값을 적용해 TDD(Total Demand Distortion)를 고조파 지수로 활용한다.

태양광발전원을 설치하는 수용가의 공통접속점에서의 역률은 원칙적으로 지상역률 90% 이상으로 하며, 진상역률이 되지 않도록 한다. 역조류가 없는 경우, 발전장치 내의 인버터는 역률 100% 운전을 원칙으로 하며, 발전설비의 종합역률은 지상역률 95% 이상이 되도록 한다. 단, 전압변동 기술요건을 유지하기 힘든 경우에는 전력회사와 개별적으로 협의한다.

태양광발전원과의 연계계통에서 발생하는 플리커는 다음의 한계치 이내에 있어야 한다.

(1) 저압계통에서의 플리커 한계치
 ① 단시간(10분) Pst ≤ 1
 ② 장시간(2시간) Plt ≤ 0.65

(2) 특고압계통에서의 플리커 한계치
 ① 단시간(10분) Pst ≤ 0.9
 ② 장시간(2시간) Plt ≤ 0.7

(3) 저압 및 특고압 계통연계점에서의 태양광발전원에 의한 플리커 방출 한계치
 ① 단시간(10분) Epsti ≤ 0.35
 ② 장시간(2시간) Eplti ≤ 0.25

현재 일본의 경우, ΔV10을 기준으로 하여 플리커의 정도를 평가하고 있으나, IEC에서는 Plt와 Pst를 플리커 척도로 규정하고 있으며, 대부분의 국가들이 이를 플리커 기준으로 규정화하고 있

다. 현재 국내에서도 IEC 규격이 국제표준규격으로 정착되어 가고 있으므로, 전력계통에서 관리할 플리커 지수는 ΔV10 대신 IEC에서 사용하는 Pst와 Plt 값으로 관리하고, 배전계통에 연계하는 지점에서 태양광발전설비는 Epsti와 Eplti를 적용하는 것이 바람직하다. 계통에 연계되는 수용가의 태양광발전원의 상시 주파수는 59.8~60.2 Hz 내의 적정범위를 유지해야 한다. 이 주파수 허용치를 유지하지 못할 경우, 전력계통으로부터 발전설비를 분리해야 한다.

⑤ 전기방식과 인버터의 구성

인버터와 연계된 계통의 전기방식으로는 단상2선식, 3상식(△ 및 Y결선) 등이 있으며, 인버터도 단상용과 3상용으로 구별되는 것이 일반적이다. 따라서 인버터를 선정할 때는 연계하는 계통의 전압, 상수, 주파수, 모듈의 특성을 분석하여 가장 적합한 인버터를 선정한다. 트랜스리스 방식의 인버터를 사용할 경우에는 인버터의 구성과 연계와의 결선방식을 일치시킬 필요가 있다. 태양전지는 셀과 프레임 간의 정전용량에 의해 직류측에 대지정전용량이 형성되며 이 대지정전용량은 모듈의 표면이 젖으면 증가하여 직류측에 상용주파의 대지 교류전압 성분이 존재할 경우 이 대지정전용량을 충·방전하는 누설전류가 흐르지만, 절연변압기를 사용할 경우 직류-계통간이 절연되어 실제 흐르는 누설전류는 거의 없다.

반면, 트랜스리스 방식에서는 이 절연이 없어 누설전류로 인한 차단기의 오동작이 발생할 가능성이 있어 직류측에 대지 교류전압 성분이 중첩되지 않도록 시스템을 구성해야 하며, 출력측이 단상2선 또는 3선인지, 3상 △ 결선 또는 Y 결선인지 명확히 구별하여 이에 적합한 인버터를 사용해야 한다.

그림 1-24 접속함 및 인버터 설치 예

(3) 태양전지 모듈 및 접속함과 인버터 간의 배선

1) 태양전지 모듈의 이면으로부터 접속용 케이블이 2가닥씩 나오기 때문에 반드시 극성을 확인한 후 결선한다. 극성표시는 단자함 내부에 표시한 것과 리드선의 케이블 커넥터에 극성을 표시한 것이 있다. 제작사에 따라 표시방법이 다를 수는 있지만 어느 것이나 양극(+ 또는 P), 음극(- 또는 N)으로 구성되어 있다.

2) 케이블은 건물마감이나 런닝보드의 표면에 가깝게 시공해야 하며, 필요할 경우 전선관을 이용하여 물리적 손상으로부터 보호해야 한다.

그림 1-25 전선관에 의한 적절한 보호

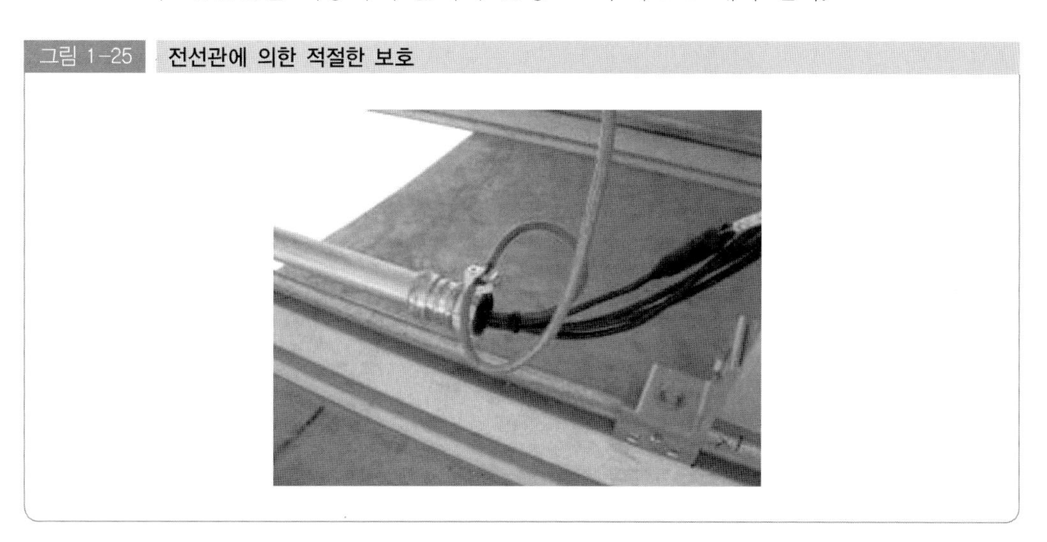

3) 태양전지 모듈은 스트링 필요매수를 직렬로 결선하고, 어레이 지지대 위에 조립한다. 케이블을 각 스트링으로부터 접속함까지 배선하여 그림 1-26과 같이 접속함 내에서 병렬로 결선한다. 이 경우 케이블에 스트링 번호를 기입해 두면 차후의 점검에 편리하다.

4) 옥상 또는 지붕위에 설치한 태양전지 어레이로부터 접속함으로 배선할 경우 처마밑 배선을 실시한다. 이 경우 그림 1-27과 같이 물의 침입을 방지하기 위한 차수처리를 반드시 해야 한다. 엔트런스캡을 이용한 시공 예를 그림 1-28에 나타냈다.

5) 접속함은 일반적으로 어레이 근처에 설치한다. 그러나 건물의 구조나 미관상 설치장소가 제한될 수 있으며, 이 때에는 점검이나 부품을 교환하는 경우 등을 고려하여 설치해야 한다.

그림 1-26 어레이 배선 시공도

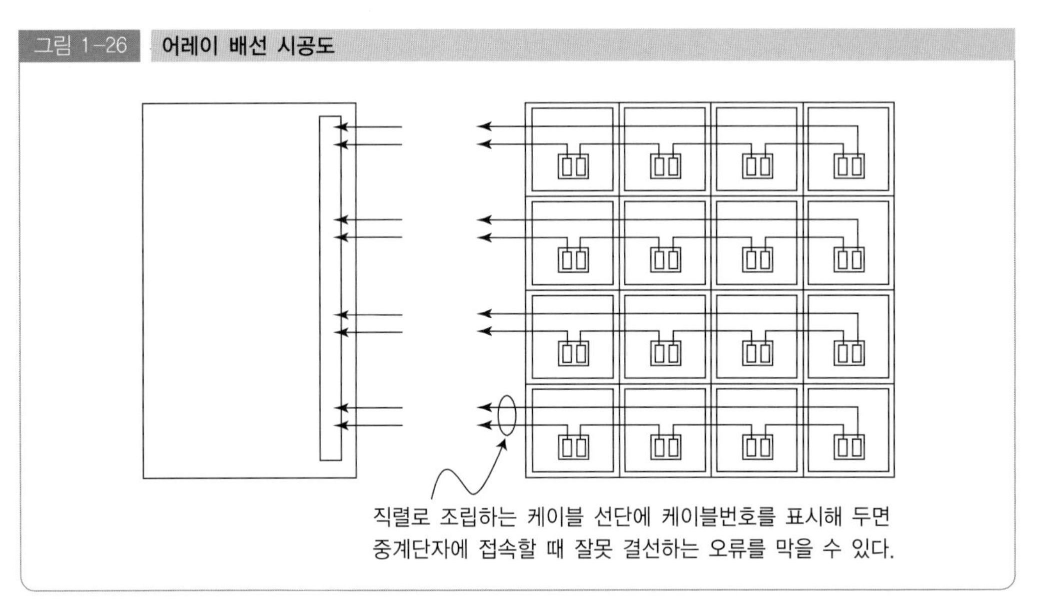

그림 1-27 케이블 차수

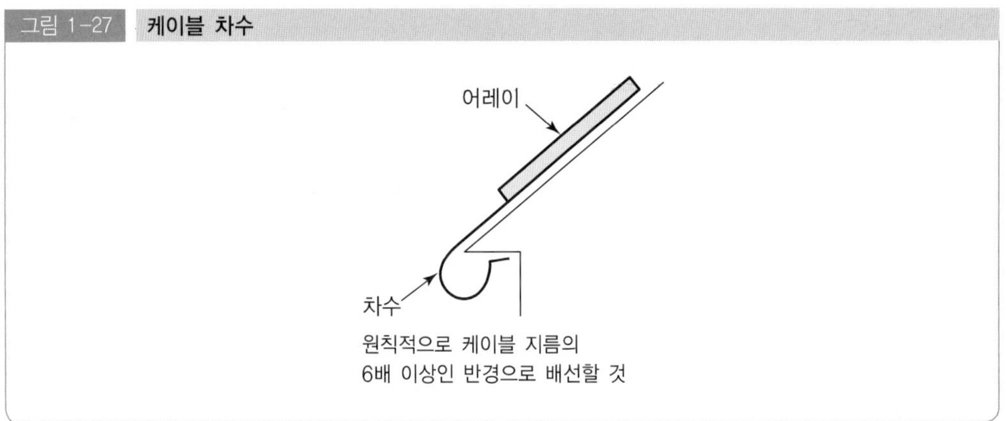

그림 1-28 엔트런스캡에 의한 차수

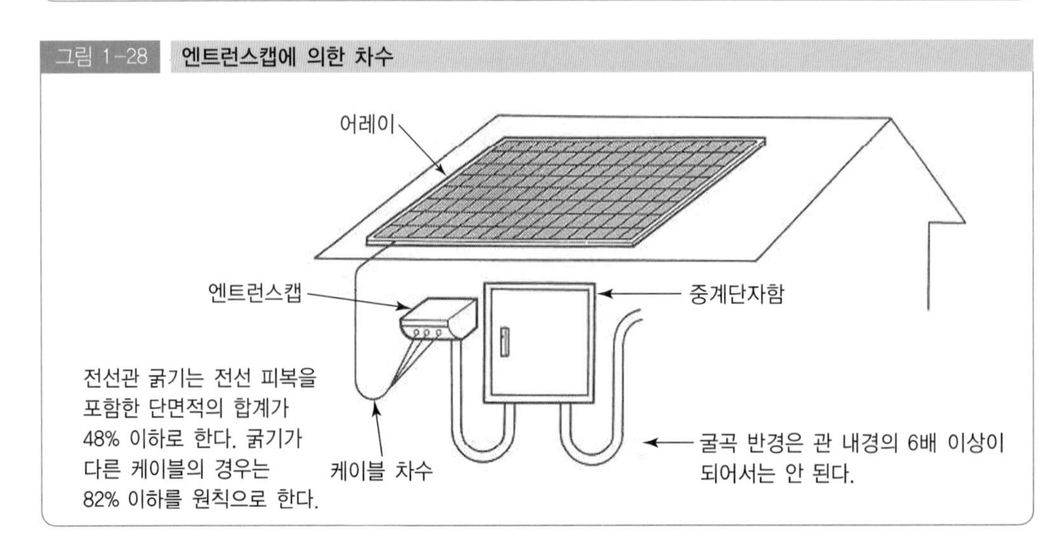

6) 태양광 전원회로와 출력회로는 격벽에 의해 분리되거나 함께 접속되어 있지 않을 경우 동일한 전선관, 케이블트레이, 접속함 내에 시설하지 않아야 한다.

7) 접속함으로부터 인버터까지의 배선은 전압강하율을 2% 이하로 상정한다. 전압강하를 1V라고 했을 경우 전선의 최대길이를 표 1-8에 나타내었다.

표 1-8 **전선 최대길이 표**

전류 (A)	연선 (mm²)									
	1.5	2.5	4	6	10	16	35	50	95	120
	전선 최대길이 (m)									
10	5.6	8.8	15	23	38	61	102	165	278	424
12	4.7	7.4	12	19	32	51	85	137	232	353
14	4.0	6.3	11	16	27	43	73	118	199	303
15	3.7	5.9	10	15	26	40	68	110	185	282
16	3.5	5.5	9.3	14	24	38	64	108	174	265
18	3.1	4.9	8.3	13	21	34	57	91	155	236
20	2.8	4.4	7.5	11	19	30	51	82	139	212
25	2.2	3.5	6	11	15	24	41	66	111	170
30		2.9	5	7.5	13	20	34	55	93	141
35		2.5	4.3	6.5	11	17	29	47	79	121
40			3.7	5.7	9.6	15	26	41	70	106
45			3.3	5	8.5	13	23	37	62	94
50				4.5	7.7	12	20	33	56	85
60				3.8	6.4	10	17	27	46	71
70					5.5	8.7	15	23	40	61
80					4.8	7.6	13	21	35	53
90					4.8	6.7	11	18	31	47
100						6.1	10	16	28	42

(주) 상기 표는 직류 단상2선식일 경우 역률 1 및 전압강하 1V로 계산한 값이다.

8) 태양전지 어레이를 지상에 설치하는 경우에는 지중배선을 할 수 있다. 이때의 시공방법을 그림 1-29부터 그림 1-31까지 나타내었다. 지중배선 또는 지중배관인 경우, 중량물의 압력을 받을 우려가 없도록 하고 그 길이가 30m를 초과하는 경우는 중간개소에 지중함을 설치할 수 있다.

그림 1-29 **지중배선의 시설**

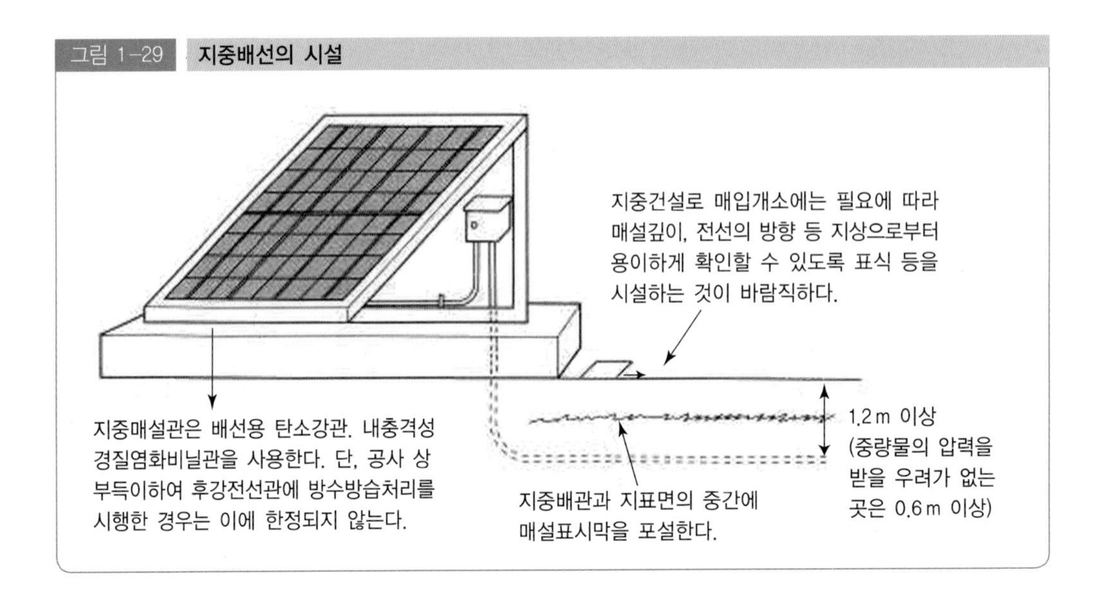

그림 1-30 **매설케이블의 보호방법**

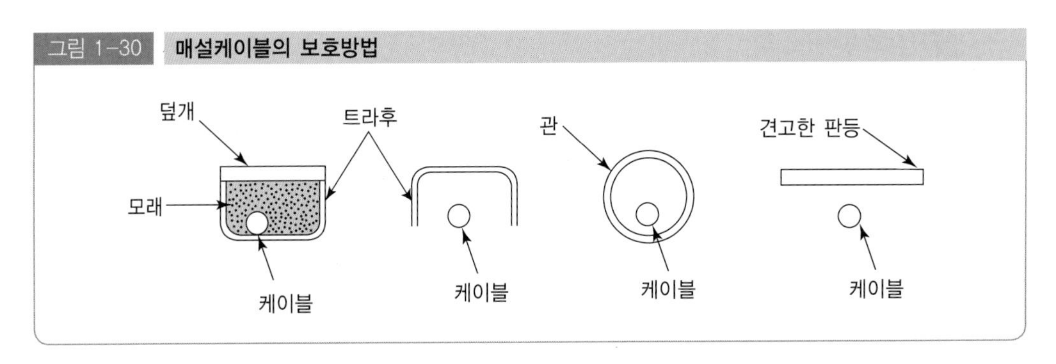

그림 1-31 **지반 침하 등으로부터 배선 보호방법**

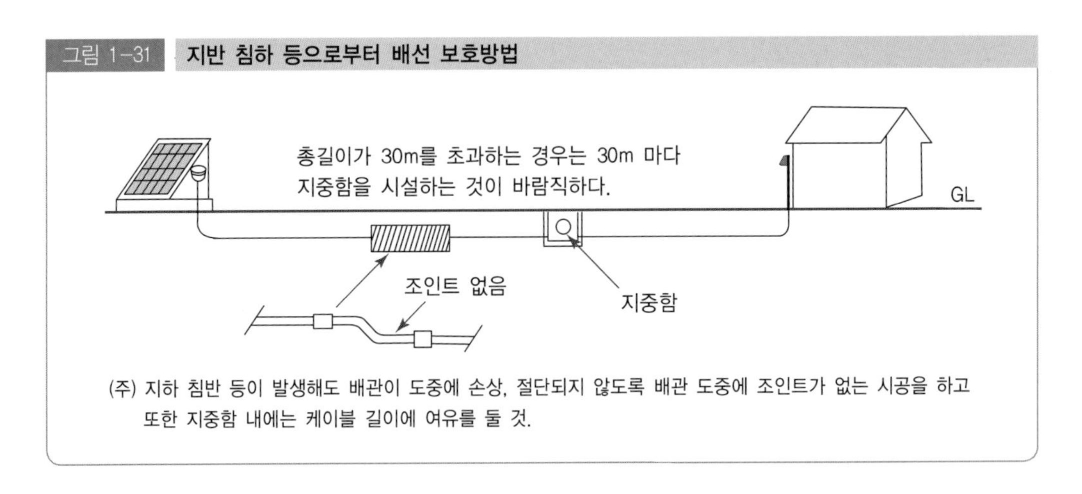

2. 태양광 인버터에서 옥내 분전반 간의 배관배선

인버터 출력의 전기방식으로는 단상2선식, 3상3선식 등이 있고 교류측의 중성선을 구별하여 결선한다. 단상3선식의 계통에 단상2선식 220V를 접속하는 경우는 전기설비기술기준의 판단기준에 따르고 다음과 같이 시설한다.

(1) 부하 불평형에 의해 중성선에 최대전류가 발생할 우려가 있을 경우에는 수전점에 3극 과전류 차단소자를 갖는 차단기를 설치한다.

(2) 수전점 차단기를 개방한 경우 부하 불평형으로 인한 과전압이 발생할 경우 인버터가 정지되어야 한다. 또한 누전에 의해 동작하는 누전차단기와 낙뢰 등의 이상전압에 의해 동작하는 서지보호장치(SPD) 등을 설치하는 것이 바람직하다.

그림 1-32 분전반의 서지보호장치의 설치 예

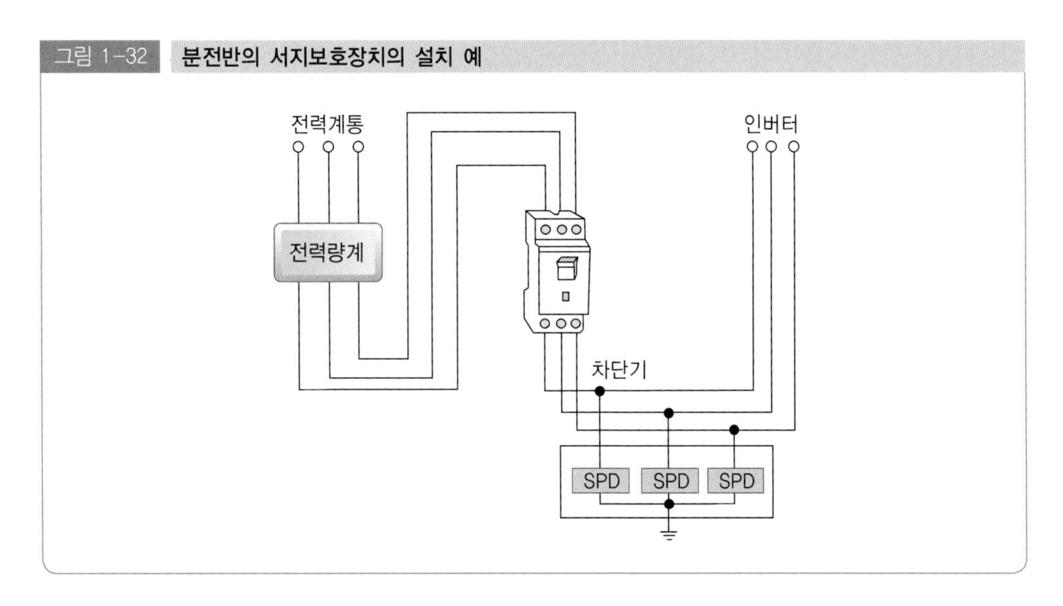

(3) 태양전지 모듈에서 인버터 입력단간 및 인버터 출력단과 계통연계점간의 전압강하는 각 3%를 초과하지 말아야 한다. 단, 전선의 길이가 60m를 초과하는 경우에는 표 1-9에 따라 시공할 수 있다.

표 1-9 전선 길이에 따른 전압강하 허용치

전선길이	전압강하
120m 이하	5%
200m 이하	6%
200m 초과	7%

표 1-10 **전압강하 및 전선 단면적 계산식**

회로의 전기방식	전압강하	전선의 단면적
직류2선식 교류2선식	$e=\frac{35.6\times L\times I}{1,000\times A}$	$A=\frac{35.6\times L\times I}{1,000\times e}$
3상3선식	$e=\frac{30.8\times L\times I}{1,000\times A}$	$A=\frac{30.8\times L\times I}{1,000\times e}$

e : 각 선간의 전압강하(V)
A : 전선의 단면적(mm^2)
L : 도체 1본의 길이(m)
I : 전류(A)

(4) 전선시공 시 주의사항

① 배선은 전선관 및 박스 내부를 청소한 후 입선한다.

② 전선의 색구별은 다음과 같이 하여 부하평형을 점검할 수 있도록 하고 부분적으로 색구별이 불가능할 경우 절연튜브(흑색, 적색, 청색 등)로 구별한다.

구 분	전압측	중성선	접지
교류	흑색(R), 적색(S), 청색(T)	백색	녹색
직류	청색(정), 적색(부)	-	-

③ 전력 간선의 말단은 반드시 규격에 맞는 동선용 압착단자를 사용하여 고정한다.

④ 전선 및 케이블 입선 시 윤활유를 사용하는 경우에는 케이블 시스에 유해하지 않아야 하며, 굳거나 배관에 들러붙지 않는 그리스나 금속성 물질을 포함하지 않은 백색 와셀린 등의 제품을 사용한다.

⑤ 전선의 접속은 전기저항 증가와 절연저항 및 인장강도의 저하가 발생하지 않도록 시행한다.

⑥ 접속을 위하여 피복을 제거할 때는 전선의 심선이 손상을 받지 않도록 와이어 스트리퍼(WIRE STRIPPER) 등을 사용한다.

⑦ 전선의 접속은 배관용 박스, 분전반, 접속함, 기구 내에서만 시행한다.

⑧ 전선 접속방법은 내선규정에 따르며 전선의 절연물과 동등 이상의 절연효력이 있는 접속기 또는 절연테이프로 피복한다.

⑨ 배관 내 입선 시에는 절연물에 손상이 없도록 하고, 동선의 인장강도에 영향을 미치지 않도록 시공한다.

⑩ 박스 내 접속은 난연성 접속구(와이어 커넥터 등)를 사용한다.

⑪ 전선과 기기의 단자접속은 압착단자를 사용하고 부스바와의 접속은 스프링와셔를 사용한다.

⑫ 슬리브의 압축과정에서 슬리브 내 공극이 많을 시는 전선가닥으로 충전하여 접속이 완전하게 압착한다.

⑬ 동선용 압착단자와 전선사이의 충전부는 비닐 캡으로 씌워야 한다.

⑭ 전선과 기구단자와의 접속

전선과 전기기계기구 단자와 접속은 완전하고, 헐거워질 우려가 없도록 다음의 각 호에 적합하여야 하며, 본 항에 언급이 없는 사항은 내선규정에 따른다.

㉠ 전선을 1본 밖에 접속할 수 없는 구조의 단자에 2본 이상의 전선을 접속하지 않는다.

㉡ 연선에 터미널 러그를 부착하지 아니한 경우에는 소선이 흩어지지 않도록 심선의 선단에 납땜을 한다.

㉢ 전선을 나사로 고정할 경우로서 그 부분이 진동 등으로 헐거워질 우려가 있는 장소에는 이중너트, 스프링와셔 및 나사이완 방지기구가 있는 것을 사용한다.

㉣ 터미널 러그는 압착형 등을 제외하고는 납땜으로 전선을 부착한다.

(5) 케이블 시공 시 주의사항

① 중량물의 압력 또는 심한 기계적 충격을 받을 우려가 있는 장소에는 케이블을 시설하여서는 아니 된다. 다만 금속관, 합성수지관 등에 넣어 적당한 방호를 한 경우에는 제외한다.

② 케이블을 마루바닥, 벽, 천정, 기둥 등에 직접 매설하지 않는다. 다만 금속관, 합성수지관 등에 넣어 사용할 경우에는 시설할 수 있다.

③ 금속관, 합성수지관 등에 케이블 인입 인출 시 전선관 양단은 손상을 입지 아니하도록 처리한 후 부싱 또는 캡을 끼워서 케이블을 보호한다.

④ 케이블 사이즈가 큰 단심 케이블 동상으로 여러 개 설치 시 상 배열이 합리적이어야 하며 간격, 길이 등을 일정하게 한다.

⑤ 수용장소의 구내에 매설하는 경우에는 직접 매설식, 관로식으로 시설한다.

⑥ 케이블을 금속제 박스 등에 삽입하는 경우에는 케이블 그랜드를 사용한다.

⑦ 케이블을 구부리는 경우에는 피복이 손상되지 아니하도록 하고, 그 굴곡부의 곡률반경은 원칙적으로 케이블 완성품 외경의 6배(단심의 것은 8배) 이상으로 한다.

⑧ 케이블 포설 시에는 제조업자가 제시하는 허용장력 이하의 힘으로 당겨야 한다.

(6) 케이블 지지 시 주의사항

① 케이블을 건축구조물의 아래면 또는 옆면에 따라 고정하는 경우는 2m 마다 지지하며 그 피복을 손상하지 않도록 시설한다. 다만 천정 속 은폐노출 배선인 경우에는 1.5m 마다 고정한다.

② 은폐배선의 경우에 있어서 케이블에 장력이 가하여지지 않도록 시설한다.

③ 케이블 지지는 해당 케이블에 적합한 클리트, 새들, 스테이플, 행거 등으로 케이블을 손상할 우려가 없도록 견고하게 고정한다.

(7) 케이블 트레이 배선 시 주의사항

① 케이블은 일렬설치를 원칙으로 하며, 2m 마다 케이블 타이로 묶는다. 다만 수직으로 포설되는 경우에는 0.4m 마다 고정한다.

② 각 회로의 판별이 쉽도록 굴곡개소, 분기개소 또는 20m 마다 회로명 표찰을 설치한다.

③ 케이블 포설시 집중하중으로 인하여 트레이 및 케이블이 손상되지 않도록 롤러 등의 포설기구를 사용한다.

(8) 케이블 접속 시 주의사항

① 접속은 전기저항 증가와 절연저항 및 인장강도의 저하가 발생하지 않도록 한다.

② 접속을 위하여 피복을 제거할 때는 전선의 심선이 손상을 받지 않도록 와이어 스트리퍼(WIRE STRIPPER) 등을 사용한다.

③ 케이블은 박스, 분전반, 배전반, 기구 내에서만 접속한다. 다만 접속부분에 사람이 접근할 수 있고 또한 측면레일 위로 나오지 않도록 하고 그 부분을 절연 처리 할 경우 트레이 내에서 가능하다.

④ 가교폴리에틸렌절연케이블은 접속 시 수분침입으로 수트리 현상에 의한 절연 파괴 사고방지를 위하여 우천 시나 습기가 많은 경우에는 시행하지 아니하며 작업자의 땀 등이 침입하거나 물방울 등이 침입하지 않도록 유의한다.

⑤ 접속개소는 온도변화에 따른 신축성을 고려하여 여유를 확보한다.

⑥ 접속은 동선용이나 압착 슬리브로 조인트 후 열경화성 수축튜브, 레진 주입 키트 또는 자기 수축형 튜브를 사용한다.

⑦ 박스 내 접속은 난연성 접속구(와이어 커넥터 등)를 사용한다.

⑧ 케이블과 기기의 단자접속은 압착단자 또는 동관단자를 사용하고 부스바와의 접속은 스프링와셔를 사용한다.

⑨ 동선용 압착단자(동관단자)와 전선사이의 충전부는 비닐캡으로 씌워야 한다.

3. 태양광 어레이 검사

태양전지 어레이 설치가 끝나면 육안에 의한 외관점검, 태양전지 어레이의 출력, 절연저항, 접지저항, 단락전류 등을 확인한다.

(1) 태양전지 어레이 외관 및 구조검사

모듈의 유형과 설치개수 등을 1,000 lux 이상의 밝은 조명 아래에서 육안으로 점검한다. 지상설치형 어레이의 경우에는 지상에서 육안으로 점검하며 지붕설치형 어레이는 수검자가 제공한 낙상 보호조치를 확인한 후 검사자가 직접 지붕에 올라 어레이를 검사한다.

(2) 태양전지의 전기적 특성 확인

검사자는 수검자로부터 제출받은 태양전지 규격서 상의 규격으로부터 다음의 사항을 확인한다.

1) 최대출력

태양광발전소에 설치된 태양전지 셀의 셀당 최대출력을 기록한다.

2) 개방전압 및 단락전류

검사자는 모듈 간이 제대로 접속되었는지 확인하기 위해 개방전압이나 단락전류 등을 확인한다.

3) 최대출력 전압 및 전류

태양광발전소 검사 시 모니터링 감시장치 등을 통해 하루 중 순간최대출력이 발생할 때의 인버터의 교류전압 및 전류를 기록한다.

4) 충진율

개방전압과 단락전류와의 곱에 대한 최대출력의 비(충진률)를 태양전지 규격서로부터 확인하여 기록한다.

5) 전력변환효율

기기의 효율을 제작사의 시험성적서 등을 확인하여 기록한다.

(4) 태양전지 어레이

검사자는 수검자로부터 제출받은 절연저항시험 성적서에 기재된 값으로부터 현장에서 실측한 값과 일치하는지 확인한다.

1) 절연저항

검사자는 운전개시 전에 태양광 회로의 절연상태를 확인하고 통전여부를 판단하기 위해 절연저항을 측정한다. 이 측정값은 운전개시 후의 절연상태의 기준이 된다.

2) 접지저항

검사자는 접지선의 탈락, 부식 여부를 확인하고 접지저항 값이 전기설비기술기준이나 제작사 적용코드에 정해진 접지저항이 확보되어 있는지를 접지저항 측정기로 확인한다.

3) 태양전지 어레이의 출력 확인

태양광발전시스템은 소정의 출력을 얻기 위해 다수의 태양전지 모듈을 직·병렬로 접속하여 태양전지 어레이를 구성한다. 따라서 설치장소에서 접속작업을 하는 개소가 있고 이런 접속이 틀리지 않았는지 정확히 확인할 필요가 있다. 또한 정기점검의 경우에도 태양전지 어레이의 출력을 확인하여 불량한 태양전지 모듈이나 배선결함 등을 사전에 발견해야 한다.

① 개방전압의 측정

태양전지 어레이의 각 스트링의 개방전압을 측정하여 개방전압의 불균일에 따라 동작불량의 스트링이나 태양전지 모듈의 검출 및 직렬접속선의 결선 누락사고 등을 검출하기 위해 측정해야 한다. 예를 들면 태양전지 어레이 하나의 스트링 내에 극성을 다르게 접속한 태양전지 모듈이 있으면 스트링 전체의 출력전압은 올바르게 접속한 경우의 개방전압보다 상당히 낮은 전압이 측정된다. 따라서 제대로 접속된 경우의 개방전압은 카탈로그나 설명서에서 대조한 후 측정값과 비교하면 극성이 다른 태양전지 모듈이 있는지를 쉽게 확인할 수 있다. 일사조건이 나쁜 경우 카탈로그 등에서 계산한 개방전압과 다소 차이가 있는 경우에도 다른 스트링의 측정결과와 비교하면 오접속의 태양전지 모듈의 유무를 판단할 수 있다. 개방전압을 측정할 때 유의해야 할 사항은 다음과 같다.

㉠ 태양전지 어레이의 표면을 청소할 필요가 있다.

㉡ 각 스트링의 측정은 안정된 일사강도가 얻어질 때 실시한다.

㉢ 측정시각은 일사강도, 온도의 변동을 극히 적게 하기 위해 맑을 때, 남쪽에 있을 때의 전후 1시간에 실시하는 것이 바람직하다.

㉣ 태양전지 셀은 비오는 날에도 미소한 전압을 발생하고 있으므로 매우 주의하여 측정해야 한다.

② 단락전류의 확인

태양전지 어레이의 단락전류를 측정함으로써 태양전지 모듈의 이상 유무를 검출할 수 있다. 태양전지 모듈의 단락전류는 일사강도에 따라 크게 변화하므로 설치장소의 단락전류 측정값으로 판단하기는 어려우나 동일 회로조건의 스트링이 있는 경우는 스트링 상호의 비교에 의해 어느 정도 판단이 가능하다. 이 경우에도 안전한 일사강도가 얻어질 때 실시하는 것이 바람직하다.

4. 케이블 선정 및 단말처리

(1) 케이블 선정

태양전지에서 옥내에 이르는 배선에 쓰이는 전선은 모듈전용선, 구입이 쉽고 작업성이 편리하며 장기간 사용해도 문제가 없는 XLPE 케이블이나 이와 동등 이상의 제품 또는 직류용 전선을 사용하고 옥외에는 UV 케이블을 사용한다. 병렬접속 시에는 회로의 단락전류에 견딜 수 있는 굵기의 케이블을 선정하고 전선이 지면에 접촉되어 배선되는 경우에는 피복이 손상되지 않도록 별도의 조치를 취해야 한다.

그림 1-33 저압 XLPE 케이블의 구조

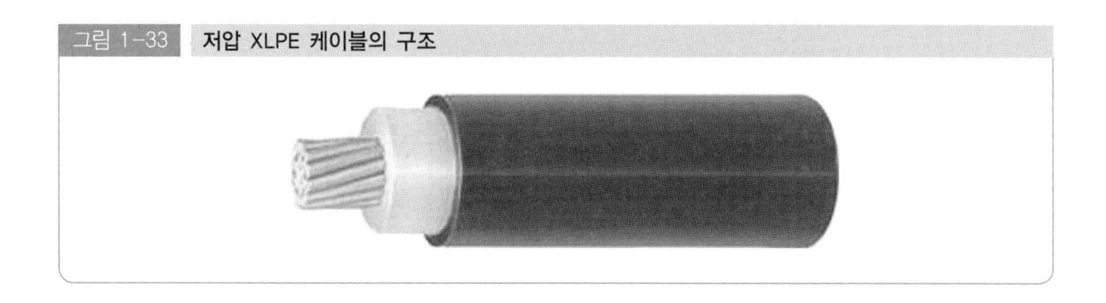

그림 1-34 태양광 직류용 전선

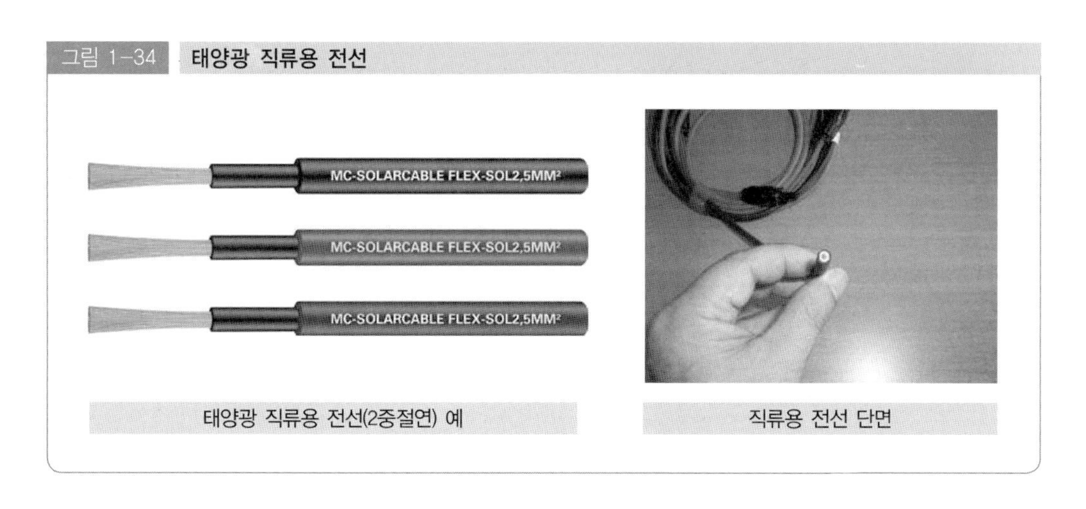

태양광 직류용 전선(2중절연) 예

직류용 전선 단면

1) 기계기구의 구조상 그 내부에 안전하게 시설할 수 있을 경우를 제외하면 모든 전선은 다음과 같이 시설해야 한다.

① 공칭단면적 2.5mm^2 이상의 연동선 또는 이와 동등 이상의 세기 및 굵기의 것이어야 한다.

② 옥내에 시설할 경우에는 합성수지관공사, 금속관공사, 가요전선관공사 또는 케이블공사로 전기설비기술기준의 판단기준에 따라 시설해야 한다.

③ 옥측 또는 옥외에 시설할 경우에는 합성수지관공사, 금속관공사, 가요전선관공사 또는 케이블공사로 전기설비기술기준의 판단기준에 따라 시설해야 한다.

2) 태양전지 모듈 및 개폐기 그 밖의 기구에 전선을 접속하는 경우에는 나사조임 그 밖에 이와 동등 이상의 효력이 있는 방법에 의하여 견고하고 또한 전기적으로 완전하게 접속함과 동시에 접속점에 장력이 가해지지 않도록 해야 한다. 또한, 모선의 접속부분은 조임의 경우 지정된 재료, 부품을 정확히 사용하고 다음에 유의하여 접속한다.

① 볼트의 크기에 맞는 토크렌치를 사용하여 규정된 힘으로 조여준다.

② 조임은 너트를 돌려서 조여준다

③ 2개 이상의 볼트를 사용하는 경우 한쪽만 심하게 조이지 않도록 주의한다.

④ 토크렌치의 힘이 부족할 경우 또는 조임작업을 하지 않은 경우에는 사고가 일어날 위험이 있으므로, 토크렌치에 의해 규정된 힘이 가해졌는지 확인할 필요가 있다.

표 1-11 모선 볼트의 크기에 따른 힘 적용

볼트의 크기	M6	M8	M10	M12	M16
힘(kg/cm^2)	50	120	240	400	850

3) 전력케이블의 분류

① OF(Oil Filled) 케이블 : 케이블의 냉각효과를 증대시킨다.

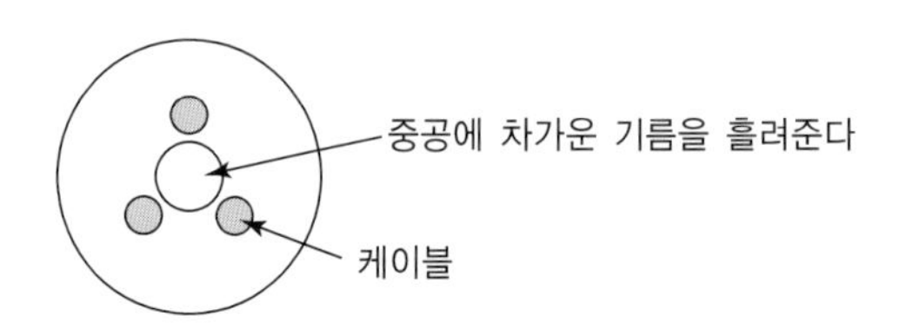

② POF(Pipe type Oil Filled) 케이블

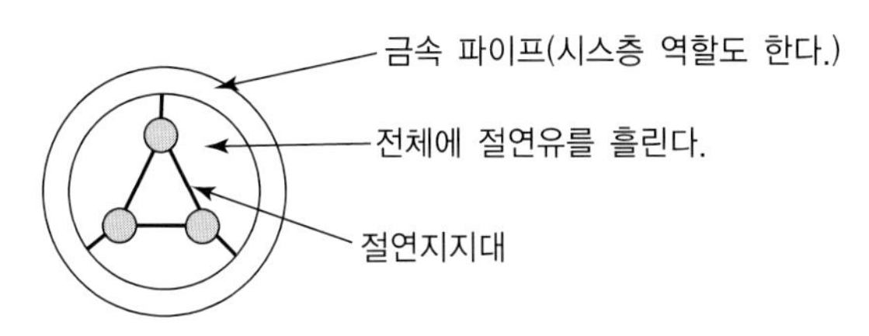

- 시스(Sheath)층 : 내외부 전자계 차폐, 기계적 강도 우수
- 송전용량은 도체의 두께보다 절연체의 성질에 더 영향을 받는다.

③ CV 케이블(XLPE 케이블) : 가교폴리에틸렌절연외장케이블

④ CN-CV 케이블 : 동심중성선 CV 케이블

(E : 폴리에틸렌, C : 가교폴리에틸렌, V : 염화비닐(PVC), B : 부틸고무
EV-Cable에서 앞의 E는 절연체를 의미하고 뒤의 V는 외피를 의미한다. 그러므로 EV케이블은 폴리에틸렌 절연체에 염화비닐 외피 케이블이다.)

체크포인트

PV용 케이블의 새로운 규격화

① 옥외에 사용하는 PV용 케이블의 열화요인으로서 빛, 온도, 물, 산성비, 오존, 전기특성, 접촉 등을 들 수 있다. 아래 표에 나타냈듯이 전선·케이블의 내용년수는 옥외사용의 저압 케이블(CV·VV)의 표준내용년수는 15~20년이다.
그런데 PV발전 모듈 등의 장치는 자외선, 태양열, 산성비를 포함해 빗물 등에 노출되는 혹독한 환경에 있으면서도 기대수명은 25년이다. 여기에 맞춰 동일한 환경에 노출되는 PV용 케이블도 같은 내용년수가 요구되고 발전규모도 수십 MW 정도로 서서히 대규모로 발전하고 있어 고압직류 정격전압 1,000V 등의 설비준비, 열화요인을 고려한 고전압 PV용 케이블의 새로운 규격화가 절실해졌다.

전선 케이블의 내용년수 기준

전선 케이블 종류	부설상황	내용년수
단열전선	옥내 전선관, 덕트 부설	20~30년
	옥외 부설	18~20년
저압케이블	물의 영향이 없는 옥외	20~30년
	물의 영향이 있는 옥외	15~20년
고압케이블	옥내 부설	20~30년
	물의 영향이 있는 모든 환경	10~20년

② 태양광발전시스템 용도의 케이블에 대해 폴리에틸렌 케이블규정의 전력 케에블이 사용됐지만 고압 직류 등 더욱 높은 케이블성능이 요구됨에 따라 태양광발전시스템용 할로겐 프리 케이블을 제정(JCS4517)하였다. 그 케이블의 기준, 구조, 요구특성 등은 아래 그림과 같다.

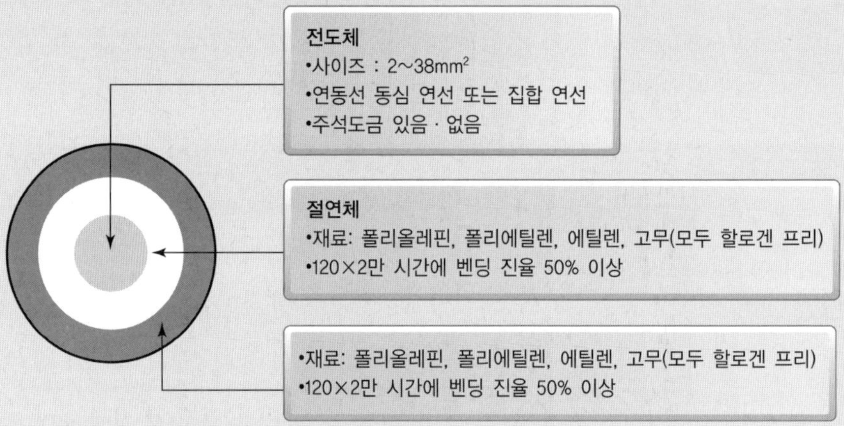

전도체
•사이즈 : 2~38mm^2
•연동선 동심 연선 또는 집합 연선
•주석도금 있음 · 없음

절연체
•재료: 폴리올레핀, 폴리에틸렌, 에틸렌, 고무(모두 할로겐 프리)
•120×2만 시간에 벤딩 진율 50% 이상

•재료: 폴리올레핀, 폴리에틸렌, 에틸렌, 고무(모두 할로겐 프리)
•120×2만 시간에 벤딩 진율 50% 이상

(2) 케이블의 단말처리

전선의 피복을 벗겨내어 전선을 상호 접속하는 경우, 접속부의 절연물과 동등 이상의 절연효과가 있는 재료로 접속해야 한다. XLPE 케이블의 XLPE 절연체는 내후성이 약하므로, 비닐시스가 벗겨져 절연체가 노출된 채로 장기간 사용하면 절연체에 균열이 생겨 절연불량을 야기하는 원인이 된다. 이것을 방지하기 위해 자기융착테이프 및 보호테이프를 절연체에 감아 내후성을 향상시켜야 한다. 절연테이프의 종류는 다음과 같다.

① 자기융착 절연테이프

자기융착 절연테이프는 시공 시 테이프 폭이 3/4으로부터 2/3 정도로 중첩해 감아놓으면 시간이 지남에 따라 융착하여 일체화된다. 자기융착 테이프에는 부틸고무제와 폴리에틸렌 +부틸고무가 합성된 제품이 있지만 저압의 경우 부틸고무제는 일반적으로 사용하지 않는다.

② 보호테이프

자기융착테이프의 열화를 방지하기 위해 자기융착테이프 위에 다시 한번 감아 주는 보호테이프가 있다.

③ 비닐절연테이프

비닐절연테이프는 장기간 사용하면 점착력이 떨어질 가능성이 있기 때문에 태양광발전설비처럼 장기간 사용하는 설비에는 적합하지 않다.

5. 방화구획 관통부의 처리

방화구획은 건축물을 일정면적 단위별, 층별 및 용도별 등으로 구획함으로서 화재 시 일정범위 이외로의 연소를 방지하여 피해를 국부적으로 한정시키기 위한 것으로 건축법상 방화에 관한 규정 중 가장 중요한 것이다.

태양광발전시스템의 파이프 및 케이블 관통부는 틈새를 통한 화재 확산방지를 위하여 「건축물의 피난 방화구조 등의 기준에 관한 규칙」 및 「내화구조의 인정 및 관리기준」에 의해 내화처리 및 외벽관통부 방수처리를 하여 그 틈을 메꾸어야 하며, 관통부는 난연성, 내열성, 내화성 등의 시험을 실시한다.

(1) 건축물의 피난·방화구조 등의 기준에 관한 규칙

외벽과 바닥 사이에 틈이 생긴 때나 급수관·배전관 그 밖의 관이 방화구획으로 되어 있는 부분을 관통하는 경우 그로 인하여 방화구획에 틈이 생긴 때에는 그 틈을 다음 각 목의 어느 하나에 해당하는 것으로 메울 것

① 「산업표준화법」에 따른 한국산업규격에서 내화충전성능을 인정한 구조로 된 것

② 한국건설기술연구원장이 국토교통부장관이 정하여 고시하는 기준에 따라 내화충전성능을 인정한 구조로 된 것

표 1-12 관통부 시험 기준 예

시 험 내 용	시 험 규 격	용 도
개구부 내화시험 (Through penetration fire enduring)	• FILK FS 012 : 내화구조의 충전 시험방법 • KSF 2257 : 건축물 구조 부분의 내화시험 • ASTM F814 : 관통부 화염차단제 화재시험 • ASTM E119 : 건축물 구조부 및 자재의 화재시험	커튼월, 층간방화구획, 케이블, 덕트, 수평 파이프, 수직 개구부 틈새
표면난연성시험 (Surface buring test)	ASTM E84 : 건축재료의 표면화재의 특성	

③ 관통부의 시험성능기준은 F급 또는 T급으로 구분되며, 현장 사용용도 특성에 따라 시험의뢰 시 성능기준을 어느 등급으로 할 것인지 결정하여 의뢰한다. 관통부의 내화구조에 대한 성능시험은 단일제품(예 : 방화용 실런트 또는 기타 자재)에 대한 시험이 아니라 복합구조(예: 방화용 실런트와 철판, 암면 등의 조합)의 시스템을 제시하여 그 시스템에 대해서 시험성적을 취득한다.

표 1-13 내화충전구조의 F급 및 T급 성능기준 비교

시험항목	성 능 기 준	
	F급(이면온도 체크 안함)	T급(이면온도 체크함)
가열시험	가열시험 중 충전구조가 충전부에 남아 있을 것	가열시험 중 충전구조가 충전부에 남아 있을 것
	시험체의 개구부로 화염의 관통 및 화염 발생이 없을 것	시험체의 개구부로 화염의 관통 및 화염 발생이 없을 것
	–	시험체 각 부위의 이면온도가 초기온도보다 181℃를 초과하지 않을 것
주수시험	주수시험 중 시험체를 관통하는 구멍의 발생이 없을 것	

(2) 내화구조의 인정 및 관리기준

내화구조의 성능기준(제3조제8호 관련)

(단위 : 시간)

용도 (구성 부재)	용도구분 (1)	용도규모(2) 층수/최고 높이(m)		벽: 외벽: 내력벽	벽: 외벽: 비내력: 연소 우려가 있는 부분 (가)	벽: 외벽: 비내력: 연소 우려가 없는 부분 (나)	벽: 내벽: 내력벽	벽: 내벽: 비내력: 간막이벽 (다)	벽: 내벽: 비내력: 샤프트실 구획벽 (라)	보·기둥	바닥	지붕틀
일반시설	업무시설, 판매 및 영업시설, 공공용시설 중 군사시설·방송국·발전소·전신전화국·촬영소 기타 이와 유사한 것, 통신용시설, 관광휴게시설, 운동시설, 문화 및 집회시설, 제1종 및 제2종근린생활시설, 위락시설, 묘지관련시설 중 화장장, 교육연구 및 복지시설, 자동차관련시설 정비공장 제외)	12/50	초과	3	1	0.5	3	2	2	3	2	1
			이하	2	1	0.5	2	1.5	1.5	2	2	0.5
		4/20 이하		1	1	0.5	1	1	1	1	1	0.5
주거시설	단독주택 중 다중주택·다가구주택·공관, 공동주택, 숙박시설, 의료시설	12/50	초과	2	1	0.5	2	2	2	3	2	1
			이하	2	1	0.5	2	1	1	2	2	0.5
		4/20 이하		1	1	0.5	1	1	1	1	1	0.5
산업시설	공장, 창고시설, 분뇨 및 쓰레기처리시설, 자동차 관련시설 중 정비공장, 위험물저장 및 처리시설	12/50	초과	2	1.5	0.5	2	1.5	1.5	3	2	1
			이하	2	1	0.5	2	1	1	2	2	0.5
		4/20 이하		1	1	0.5	1	1	1	1	1	0.5

비고 1

(1) · 건축물이 하나 이상의 용도로 사용될 경우, 가장 높은 내화시간의 용도를 적용한다.
 · 건축물의 부분별 높이 또는 층수가 상이할 경우, 최고 높이 또는 최고 층수로서 상기 표에서 제시한 부위별 내화시간을 건축물 전체에 동일하게 적용한다.

(2) 건축물의 층수와 높이의 산정은 건축법 시행령 제119조에 따르되 다만 승강기탑, 계단탑, 망루, 장식탑, 옥탑 기타 이와 유사한 부분은 건축물의 높이와 층수의 산정에서 제외한다.

비고 2

(1) 건축물의 피난·방화구조 등의 기준에 관한 규칙 제22조제2항에 따른 부분

(2) 건축물의 피난·방화구조 등의 기준에 관한 규칙 제22조제2항에 따른 부분을 제외한 부분

(3) 건축법령에 의하여 내화구조로 하여야 하는 벽을 말한다
(4) 승강기·계단실의 수직벽

비고 3
(1) 화재의 위험이 적은 제철·제강공장 등으로서 품질확보를 위하여 불가피할 경우에는 지방건축위원회의 심의를 받아 주요구조부의 내화시간을 완화하여 적용할 수 있다.
(2) 외벽의 내화성능 시험은 건축물 내부면을 가열하는 것으로 한다.

(3) 시공방법

① 트레이의 케이블을 가지런히 정리하고, 시공하고자 하는 관통부의 주위를 깨끗이 청소한다.
② 시공면적의 치수를 정확히 측정하고, 치수보다 PAD의 신축성을 감안하여 여유 있는 크기로 절단한다.
③ 절단한 PAD를 관통부에 밀실하게 충진하고 PAD를 시공한 이음새 및 케이블 통과부위의 틈을 내화 실리콘 실란트로 마무리한다.
④ 시공이 끝나면 주위 정리정돈 및 현장을 청소한다.

(4) 방화구획 관통부의 시공 예

그림 1-35 배관관통부에 내화충전재 충전 예

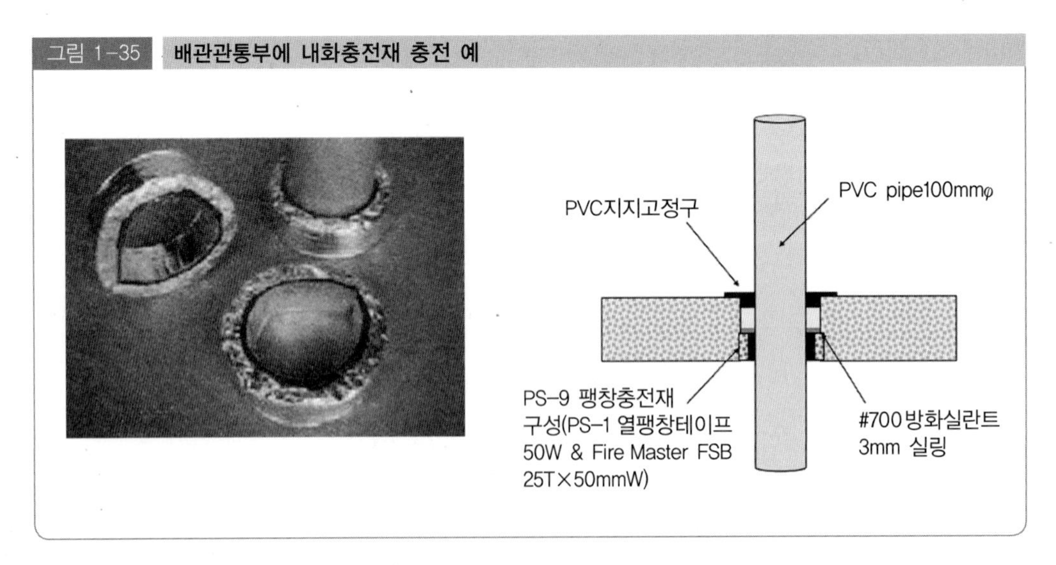

6. 접지공사

전기설비기술기준에 따라 지중접지를 하여야 하며, 낙뢰의 우려가 있는 건축물 또는 높이 20미터 이상의 건축물에는 건축물의 설비기준 등에 관한 규칙(피뢰설비)에 적합하게

피뢰설비를 설치하여야 한다.

PV 시스템의 접지회로는 어레이 주회로의 접지와 모듈 프레임이나 지지대 등의 접지가 있는데 모듈 프레임이나 지지대의 접지는 일반기기의 외함접지에 상당하는 것이다.

어레이 주회로의 1선을 접지하고 있는 상태에서 지락사고가 발생하면 단락사고로 연결될 가능성이 높고 사람이 감전될 경우 위험성이 높아 안전성을 높이기 위해 원칙적으로 어레이 주회로는 전류를 적게 한 비접지계로 하고 모듈 프레임이나 지지대 등은 보호접지만 한다.

그림 1-36 접지공사 및 피뢰설비 예

(1) 접지공사의 종류 및 적용

태양광발전설비는 누전에 의한 감전사고 및 화재로부터 인명과 재산을 보호하기 위해 전기설비기술기준에 따라 지중접지를 해야 한다. 제1종접지공사, 제2종접지공사, 제3종

접지공사 및 특별제3종접지공사의 접지저항 값은 표 1-14와 같다.

표 1-14 **접지공사의 종류와 접지저항 값**

접지공사의 종류	접지저항 값
제1종접지공사	10Ω 이하
제2종접지공사	변압기의 고압측 또는 특고압측 전로의 1선 지락전류의 암페어 수로 150을 나눈 값과 같은 Ω수
제3종접지공사	100Ω 이하
특별제3종접지공사	10Ω 이하

접지 시공방법에 따라 공통접지와 통합접지로 구분할 수 있으며, 고압 및 특고압과 저압 전기설비의 접지극이 서로 근접하여 시설되어 있는 변전소 또는 이와 유사한 곳에서는 다음 각 호에 적합하게 공통접지공사를 할 수 있다.

1) 저압 접지극이 고압 및 특고압 접지극의 접지저항 형성영역에 완전히 포함되어 있다면 위험전압이 발생하지 않도록 이들 접지극을 상호접속해야 한다.

2) 제1호에 따라 접지공사를 하는 경우 고압 및 특고압계통의 지락사고로 인해 저압계통에 가해지는 상용주파 과전압은 표 1-15에서 정한 값을 초과해서는 안 된다.

표 1-15 **고압 및 특고압계통 지락사고 시 저압계통 내 허용 과전압**

고압계통에서 지락고장시간(초)	저압설비의 허용 상용주파 과전압(V)
>5	U_0+250
≤5	U_0+1,200
중성선 도체가 없는 계통에서 U_0는 선간전압을 말한다.	

3) 그 밖에 공통접지와 관련된 사항은 KS C IEC 60364-4-44 및 KS C IEC 61936-1의 10에 따른다.

전기설비의 접지계통과 건축물의 피뢰설비 및 통신설비 등의 접지극을 공용하는 통합접지(국부접지계통의 상호접속으로 구성되는 그 국부접지계통의 근접구역에서는 위험한 접촉전압이 발생하지 않도록 하는 등가 접지계통) 공사를 할 수 있다. 이 경우 이미 설명한 공통접지의 규정을 따르며, 낙뢰 등에 의한 과전압으로부터 전기설비 등을 보호하기 위해 KS C IEC 60364-5-53-534에 따라 서지보호장치를 설치해야 한다.

(2) 기계기구 외함 및 직류전로의 접지

1) 기계기구의 접지

전로에 시설하는 기계기구의 철대 및 금속제 외함은 표 1-16에 따라 접지공사를 실시해야 한다.

표 1-16 기계기구의 구분에 의한 접지공사의 적용

기계기구의 구분	접지공사
400V 미만인 저압용의 것	제3종접지공사
400V 이상인 저압용의 것	특별제3종접지공사
고압용 또는 특고압용의 것	제1종접지공사

태양광발전설비는 태양전지 모듈, 지지대, 접속함, 인버터의 외함, 금속배관 등의 노출 비충전 부분은 누전에 의한 감전과 화재 등을 방지하기 위해 태양전지 어레이의 출력전압이 400V 미만은 제3종접지공사를, 400V를 넘는 경우에는 특별제3종접지공사를 실시한다.

2) 태양광발전설비의 직류전로 접지

태양전지 어레이에서 인버터까지의 직류전로는 원칙적으로 접지공사를 실시하지 않는다.

3) 태양광발전설비의 접지는 태양전지 모듈이나 패널을 하나 제거하더라도 태양광 전원회로에 접속된 접지도체의 연속성에 영향을 주지 말아야 한다.

(3) 접지선의 굵기 및 표시

1) 접지선의 굵기

제3종 및 특별제3종접지공사의 접지선 굵기는 공칭단면적 2.5mm^2 이상의 연동선으로 규정하고 있지만, 기기고장 시에 흐르는 전류에 대한 안전성, 기계적 강도, 내식성을 고려하여 결정한다. 표 1-17에 내선규정 상에 명시된 접지선의 굵기를 나타내었다.

전압강하 등의 사유로 간선규격을 상위규격으로 선정할 경우 이에 비례하여 접지선의 규격은 상위규격으로 선정해야 한다.

표 1-17 제3종 또는 특별3종접지공사의 접지선 굵기내선규정 1445-3

접지하는 기계기구의 금속제 외함, 배관 등의 저압 전로의 전류측에 시설된 과전류차단기 중 최소의 정격전류의 용량	접지선의 최소굵기
	동(mm^2)
20A 이하	2.5
30A 이하	2.5
50A 이하	4
100A 이하	6

2) 접지선의 표시

접지선은 녹색으로 표시해야 하지만, 부득이 녹색 또는 황록색 얼룩무늬 모양인 것 이외의 절연전선을 접지선으로 사용하는 경우는 말단 및 적당한 개소에 녹색테이프 등으로 표시해야 한다.

단, 접지선이 단독으로 배선되어 접지선임을 용이하게 식별할 수 있는 경우와 다심케이블 등의 1심선을 접지선으로 사용하는 경우로서 그 심선이 나전선 또는 황록색의 얼룩무늬모양으로 되어 있는 것은 예외로 한다.

(4) 접지공사의 시설방법

1) 제1종접지공사, 제3종접지공사 및 특별제3종접지공사의 접지선은 다음 각호에 의하여 시설한다.

① 접지선이 외상을 받을 우려가 있는 경우는 합성수지관(두께 2mm 미만의 합성수지제 전선관 및 난연성이 없는 CD관 등은 제외한다) 등에 넣을 것. 다만 사람이 접촉할 우려가 없는 경우 또는 제3종접지공사 혹은 특별제3종접지공사의 접지선은 금속관을 사용하여 방호할 수 있다.
[주] 피뢰침, 피뢰기용 접지선은 강제금속관에 넣지 말 것

② 접지선은 (접지해야 할 기계기구로부터 60cm 이내의 부분 및 지중부분은 제외한다.) 합성수지관(두께 2mm 미만의 합성수지제 전선관 및 난연성이 없는 CD관 등은 제외한다) 등에 넣어 외상을 방지한다.

③ 접지선은 (다음 ④에 의하여 알루미늄선을 사용하는 경우를 제외한다) 동선을 사용하며, 그 굵기는 제3종 및 특별제3종 접지공사의 경우는 원칙적으로 내선규정의 표 1445-4에 따르고 제1종접지공사의 경우는 내선규정의 표 1445-5에 따를 것(금속관배선 등에서의 금속관과 풀박스를 기계적으로 완전하게 접속하기가 어려운 경우 또는 배선을 보호하기 위해 사용하는 금속

체 등을 거쳐서 접지공사를 시행하는 경우는 접속선을 포함하여 접지하는 목적물에서 접지극에 이르기까지의 전체선로에 적용한다) 다만 다음의 경우에는 이에 따르지 않을 수 있다.

㉠ 제3종 및 특별제3종 접지공사의 접지극이 그 접지공사 전용의 접지극(타입식 또는 매입식)이고, 그 접지극이 제2종접지공사와 금속체 등으로 연결되어 있지 않은 경우에는 내선규정의 표 1445-4 중 동선 단면적 16mm², 알루미늄선 단면적 25mm²를 초과하는 부분은 동선 단면적 14mm², 알루미늄선 단면적 25mm²의 것을 사용할 수 있다.

㉡ 이동하면서 사용하는 저압전기기계기구에 부속되는 다심코드 또는 다심 캡타이어케이블 중의 1심(전기기계기구에 전기를 공급하는 심선과 동등 이상의 굵기인 것에 한한다)을 접지선으로 사용할 경우

④ 지중 및 접지극에서(지표면상 60cm 이하 부분의 접지선, 습한 콘크리트, 석재, 벽돌류에 접하는 부분 또는 부식성 가스나 용액을 발산하는 장소의 접지선을 제외한다) 접지선으로 알루미늄선을 사용해도 무방하다. 이 경우 알루미늄선의 굵기는 내선규정의 표 1445-4부터 표 1445-5까지를 따른다.

(5) 제3종 또는 특별제3종 접지공사 등의 특례제3종 또는 특별제3종접지공사를 실시하는 금속체와 대지와의 사이에 전기저항값이 제3종접지공사의 경우 100Ω 이하, 특별제3종접지공사의 경우는 10Ω 이하이면 각각의 접지공사를 실시한 것으로 간주한다.

(6) 금속관 등의 접지공사

금속관 등의 접지는 전선의 절연열화 등에 의해 금속관에 누전되었을 경우의 위험을 방지하기 위해 시설한다.

금속관 및 각 기기와의 구체적인 접지공사에 대해 그림 1-37에서 그림 1-39까지 나타내었다.

1) 특별제3종접지공사

사용전압이 400V를 넘는 경우의 금속관 및 그 부속품 등은 특별제3종접지공사에 의해 접지해야 한다. 단, 사람이 접촉할 우려가 없는 경우는 제3종접지공사에 의해 접지할 수 있다.

2) 제3종접지공사

사용전압이 400V 이하인 경우의 금속관 및 그 부속품 등은 제3종접지공사에 의해

그림 1-37 금속관의 접지공사

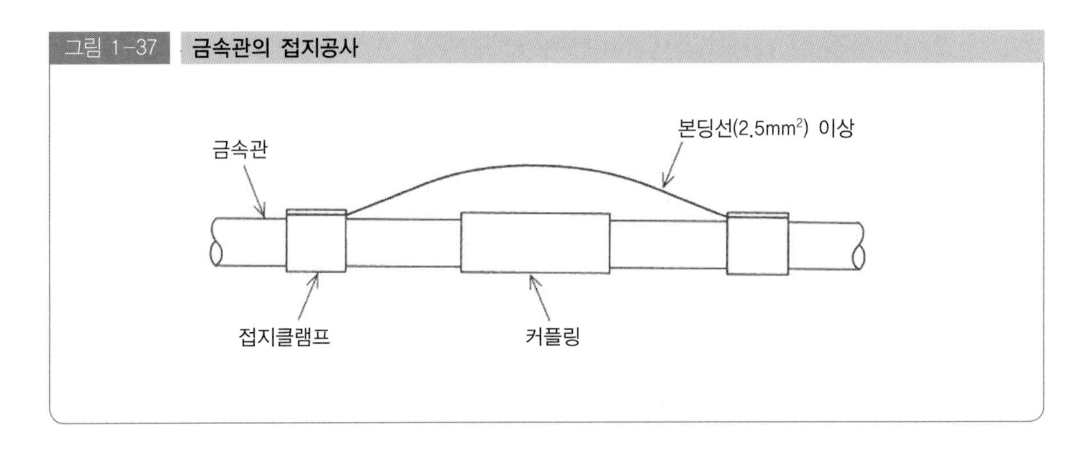

그림 1-38 금속관과 박스의 접지공사

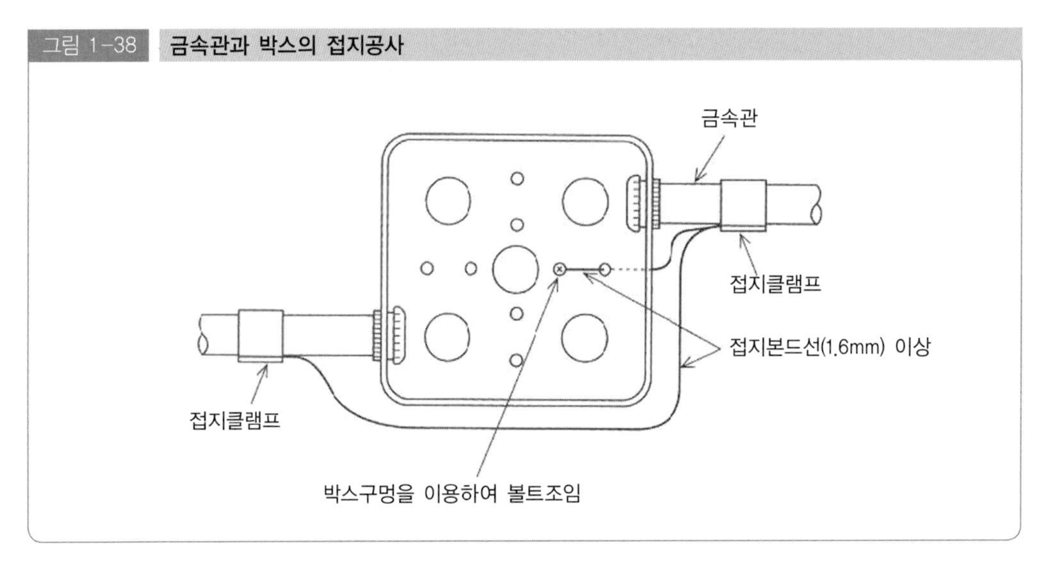

그림 1-39 중계단자함 및 분전반의 접지공사

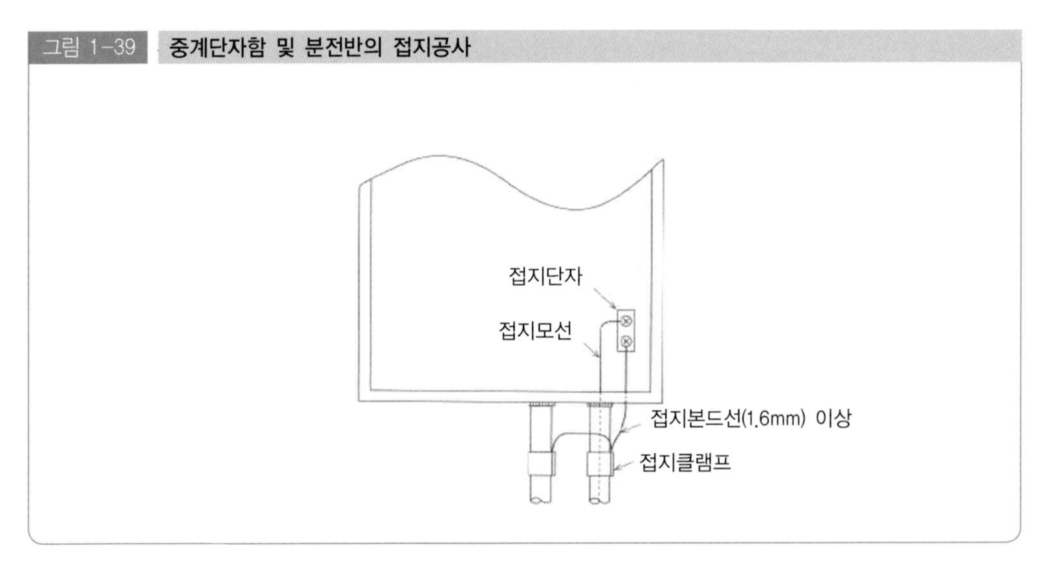

접지해야 한다. 단, 다음 하나에 해당하는 경우는 3종접지공사를 생략할 수 있다.

① 사용전압이 직류 300V 또는 교류 대지전압이 150V 이하인 기계기구를 건조한 곳에 시설하는 경우

② 저압용의 기계기구를 그 저압전로에 지락이 생겼을 때에 그 전로를 자동적으로 차단하는 장치를 시설한 저압전로에 접속하여 건조한 곳에 시설하는 경우

③ 저압용의 기계기구를 건조한 목재의 마루 기타 이와 유사한 절연성 물건 위에서 취급하도록 시설하는 경우

④ 저압용이나 고압용의 기계기구, 판단기준 제29조에 규정하는 특고압 전선로에 접속하는 배전용 변압기나 이에 접속하는 전선에 시설하는 기계기구 또는 판단기준 제135조제1항 및 제4항에 규정하는 특고압 가공전선로의 전로에 시설하는 기계기구를 사람이 쉽게 접촉할 우려가 없도록 목주 기타 이와 유사한 것의 위에 시설하는 경우

⑤ 철대 또는 외함의 주위에 적당한 절연대를 설치하는 경우

⑥ 외함이 없는 계기용변성기가 고무·합성수지 기타의 절연물로 피복한 것일 경우

⑦ 「전기용품안전관리법」의 적용을 받는 2중 절연구조로 되어있는 기계기구를 시설하는 경우

⑧ 저압용 기계기구에 전기를 공급하는 전로의 전원측에 절연변압기(2차전압이 300V 이하이며, 정격용량이 3kVA 이하인 것에 한한다)를 시설하고 또한 그 절연변압기의 부하측 전로를 접지하지 않은 경우

⑨ 물기 있는 장소 이외의 장소에 시설하는 저압용의 개별 기계기구에 전기를 공급하는 전로에 「전기용품안전관리법」의 적용을 받는 인체감전보호용 누전차단기(정격감도전류가 30mA 이하, 동작시간이 0.03초 이하의 전류동작형에 한한다)를 시설하는 경우

⑩ 외함을 절전하여 사용하는 기계기구에 사람이 접촉할 우려가 없도록 시설하거나 절연대를 시설하는 경우

(7) 접지극

매설 또는 타입 접지극은 표 1-18에 따라 시설하는 것이 바람직하며 매설장소는 가능한 물기가 있는 장소로서 토질이 균일하고 가스나 산 등에 의한 부식의 우려가 없는 장소를 선정하여 지중에 매설 또는 타입해야 한다.

표 1-18 접지극의 종류와 규격내선규정 1445-7

종 류	규 격
동판	두께 0.7mm 이상, 면적 900cm²(한쪽 면) 이상
동봉, 동복강봉	지름 8mm 이상, 길이 0.9m 이상
아연도금가스철관후강전선관	외경 25mm 이상, 길이 0.9m 이상
아연도금 철봉	직경 12mm 이상, 길이 0.9m 이상
동복강관	두께 1.6mm 이상, 길이 0.9m 이상, 면적 250cm²(한쪽 면) 이상
탄소피복강봉	지름 8mm 이상(강심), 길이 0.9m 이상

접지극과 접지선과의 접속은 기계적 강도와 전기적 성능을 확보할 수 있도록 이루어져야 한다

(8) 접지저항의 측정

1) 접지저항계 이용 측정방법

접지저항계를 이용하여 접지전극 및 보조전극 2본을 사용하여 접지저항을 측정한다.

그림 1-40 접지저항의 측정방법

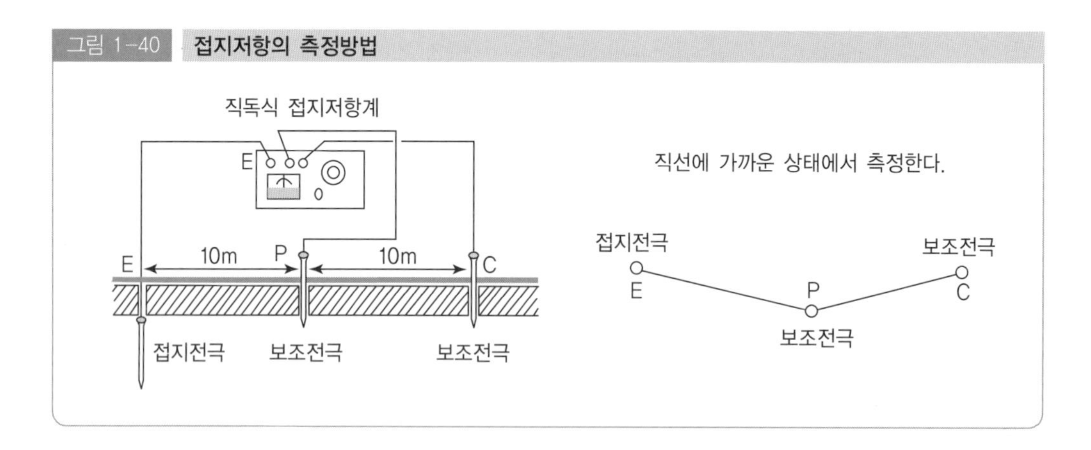

① 접지전극, 보조전극의 간격은 10m로 하고 직선에 가까운 상태로 설치한다.
② 접지전극을 접지저항계의 E 단자에 접속하고 보조전극을 P 단자, C 단자에 접속한다.
③ 누름버튼스위치를 누른 상태에서 접지저항계의 지침이「0」이 되도록 다이얼을 조정하고 그 때의 눈금을 읽어 접지저항 값을 측정한다.

④ 접지저항의 값은 접지극 부근의 온도 및 수분의 함유정도에 의해 변화하며 연중 변동하고 있다. 그러나 최고일 때에도 정해진 한도를 넘어서는 안 된다.

2) 간이 접지저항계 이용 측정방법

측정에 있어 접지보조전극을 타설할 수 없는 경우는 간이 접지저항계를 사용하여 접지저항을 측정한다.

그림 1-41 간이접지 측정방법(전압강하식)

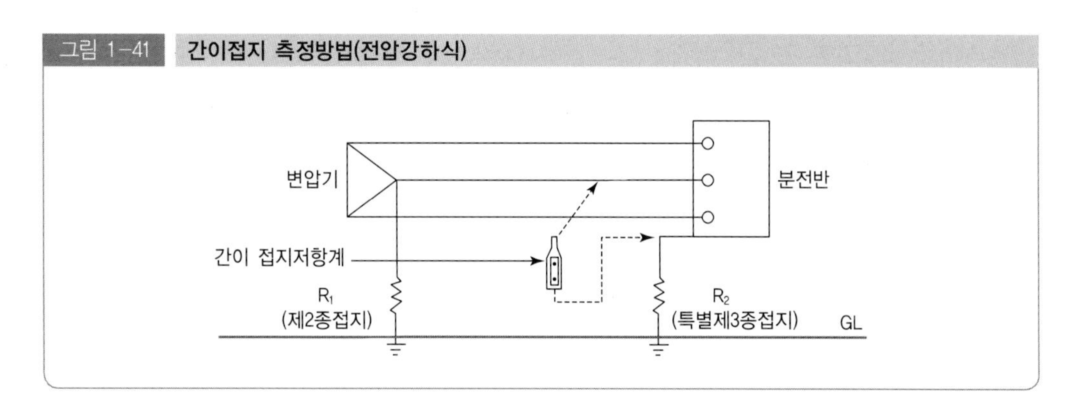

이것은 주상변압기의 2차측 중성점에 제2종접지공사가 시공되어 있는 것을 이용하는 방법이다. 중성선과 기기 접지단자 간에 저주파의 전류를 흘리고 저항치를 측정하면 양 접지저항의 합이 얻어지므로 간접적으로 접지저항을 알 수 있다.

7. 설치확인 점검항목 및 결과 체크리스트

(1) 구조물 부문

No	점 검 항 목	점검결과		비 고
		적 합	부적합	
1	도면에 따라 구조물 조립이 완료되었는가?			
2	소재는 KS 규격품 또는 동등 이상 품질의 제품을 사용하였는가?			
3	구조물은 용융아연도금처리 등 방청처리를 하였는가?			
4	용융아연도금 후에는 모든 조립 HOLE을 확인하여 조립시 문제가 없도록 하였는가?			
5	볼트조립은 헐거움이 없이 단단히 조립하였는가?			
6	모든 BOLT, NUT, WASHER는 KS 규격품 또는 동등 이상 품질의 제품을 사용하였는가?			
7	기초시공에 따른 지붕방수에 지장은 없는가?			
8	기초앵커와 구조물간은 헐거움 없이 단단히 결착되었는가?			
9	어레이 가대 설치강도는 건축기준안전기준에 적합한가?			
10	건축물에 설치할 경우 하중 및 구조계산에 대한 검토는 적합한가?			
11	구조물 설치는 전기설비기준, 건축설비기준, 소방안전설비기준 등에 적합한가?			
12	구조물이 미관을 해치지 않고 주변환경과 조화를 이루고 있는가?			

(2) 모듈설치 및 결선

No	점 검 항 목	점검결과		비 고
		적 합	부적합	
1	모듈설치는 도면에 따라 설치하였으며, STS 볼트, 너트, 와셔를 사용하였는가?			
2	모듈간 결선은 설계도면에 따라 완료되었는가?			
3	모듈간 직렬배선은 바람에 흔들림이 없도록 CABLE TIE로 단단히 고정하였는가?			
4	ARRAY 전면모듈과 모듈의 간격이 일정하도록 조립하여 모듈의 가로, 세로줄 및 수평을 정확히 맞추었는가?			
5	모듈의 직·병렬 연결 시에 RING TYPE의 단자를 사용하여 연결하였는가?			
6	군별(병렬배선)로 설치된 모듈의 출력선에 대하여 위치를 확인 할 수 있도록 번호를 표시하였는가?			
7	전선의 자재는 필히 규격품을 사용하였는가?			
8	접지공사는 관련법규에 적합하게 시공되었는가?			
9	낙뢰에 대한 안전대책은 적합하게 시공되었는가?			

(3) 설치방법

종 류	확 인 사 항		내 용	신청사업, 설계내용일치여부
시 스 템 설치상태 확 인	설 치 형 태		□ 연계형 □ 비연계형	
	설치경사각 및 방향		도, 도 (북0,동90,남180,서270)	
	설 치 장 소		□ 옥외, □ 옥상, □ 경사지붕, □ 기타( )	
	설 치 모 듈	수 량	매	
		직렬수 (단)		
		병렬수 (열)		
	계통연계방식		□ 저압연계 □ 고압연계	
	계약용량/종별		kW/	

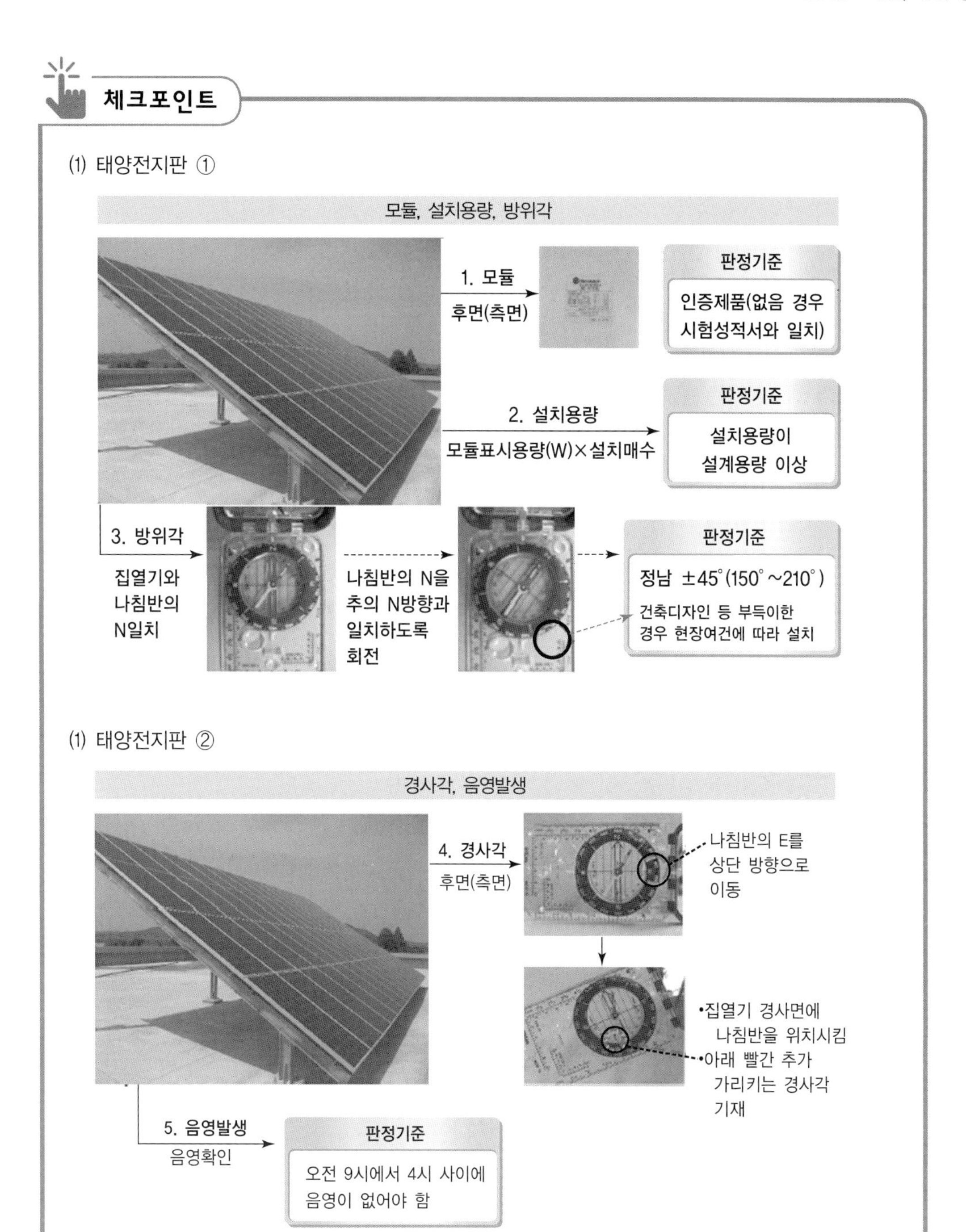
체크포인트
(1) 태양전지판 ①
모듈, 설치용량, 방위각
1. 모듈
후면(측면)
판정기준
인증제품(없음 경우 시험성적서와 일치)
2. 설치용량
모듈표시용량(W)×설치매수
판정기준
설치용량이 설계용량 이상
3. 방위각
집열기와 나침반의 N일치
나침반의 N을 추의 N방향과 일치하도록 회전
판정기준
정남 ±45°(150°~210°)
건축디자인 등 부득이한 경우 현장여건에 따라 설치
(1) 태양전지판 ②
경사각, 음영발생
4. 경사각
후면(측면)
나침반의 E를 상단 방향으로 이동
•집열기 경사면에 나침반을 위치시킴
•아래 빨간 추가 가리키는 경사각 기재
5. 음영발생
음영확인
판정기준
오전 9시에서 4시 사이에 음영이 없어야 함

체크포인트

(2) 지지대 ①

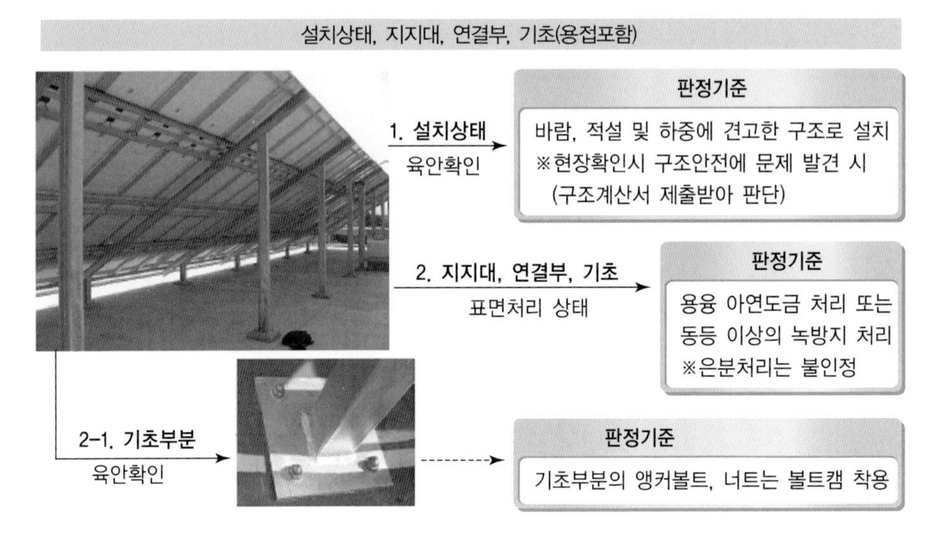

(1) 태양전지판 ②

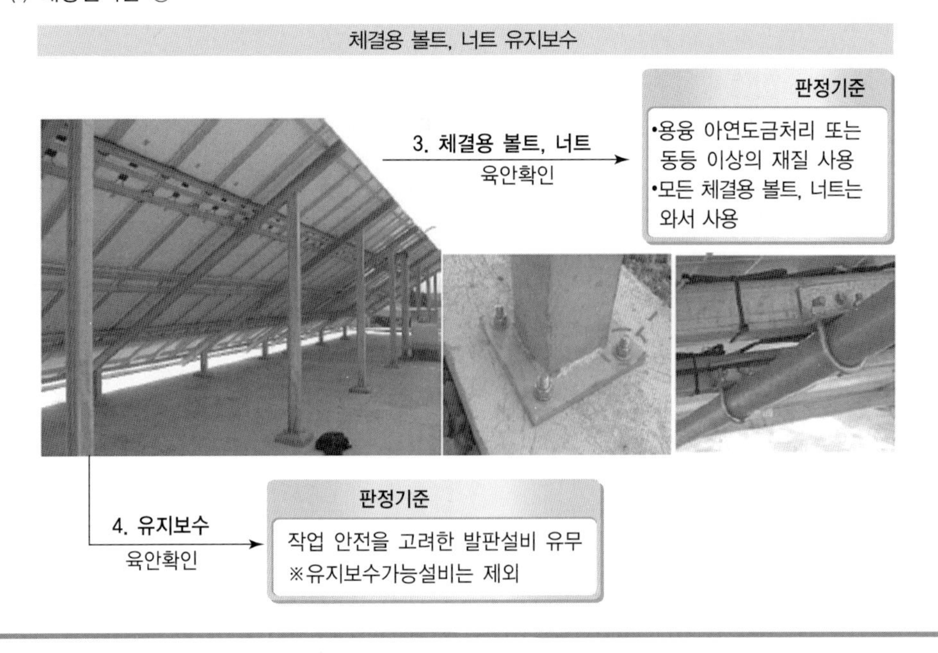

PART 1 태양광발전시스템 시공 실·전·기·출·문·제

2013 태양광기능사

01. 태양광발전시스템의 인버터 설치 시공 전에 확인 사항이 아닌 것은?

① 입력 허용전류 및 입력 전압범위
② 배선접속방법 및 설치위치
③ 접속가능 전선 굵기 및 회선 수
④ 효율 및 수명

정 답 ④
태양광발전시스템의 인버터 설치 시공 전에 확인사항은 입력 허용전류 및 입력 전압범위, 배선접속방법 및 설치위치, 접속가능 전선 굵기 및 회선 수 등이며 효율 및 수명은 사용하면서 확인할 수 있는 사항이다.

2013 태양광산업기사

02. 케이블의 방화구획 관통부 처리에서 불필요한 것은?

① 난연성 ② 내열성
③ 내화구조 ④ 단열구조

정 답 ④
케이블의 방화구획 관통부는 그 틈을 메꾸어야 하며, 관통부는 난연성, 내열성, 내화성 등의 시험을 실시한다.

2013 태양광기능사

03. 주택용 태양광발전시스템 시공 시 유의할 사항으로 옳지 않은 것은?

① 지붕의 강도는 태양전지를 설치했을 때 예상되는 하중에 견딜 수 있는 강도 이상이어야 한다.
② 가대, 지지기구, 기타 설치부재는 옥외에서 장시간 사용에 견딜 수 있는 재료를 사용해야 한다.
③ 지붕구조 부재와 지지기구의 접합부에는 적절한 방수처리를 하고 지붕에 필요한 방수성능을 확보해야 한다.
④ 태양전지 어레이는 지붕 바닥면에 밀착시켜 빗물이 스며들지 않도록 설치하여야 한다.

실전기출문제

정 답 ④
태양전지 어레이는 태양전지의 온도상승을 억제하기 위해 지붕 바닥면과의 사이에 약 10~15cm 공간을 두어야 하며 빗물이 스며들지 않도록 설치하여야 한다.

2013 태양광산업기사

04. 접속함에서 인버터까지 배선의 전압강하율은 몇 % 이내로 권장하고 있는가?

① 1~2%
② 3~4%
③ 4~5%
④ 6~7%

정 답 ①
접속함으로부터 인버터까지의 배선은 전압강하율을 2% 이하로 상정한다.

2013 태양광기능사

05. 태양광발전시스템의 인버터 출력이 380V인 경우 외함접지공사의 종류는?

① 제1종접지공사
② 제2종접지공사
③ 제3종접지공사
④ 특별제3종접지공사

정 답 ③
4000 V 미만인 경우 접지공사는 제3종접지공사이다

2013 태양광기사

06. 케이블 트레이 시공방식의 장점이 아닌 것은?

① 방열특성이 좋다.
② 허용전류가 크다.
③ 장래부하 증설시 대응력이 크다.
④ 재해를 거의 받지 않는다.

정 답 ④
재해에 대해 거의 받지 않는다고는 말할 수 없다.

2013 태양광기능사

07. 태양전지 어레이의 육안 점검항목이 아닌 것은?

① 프레임 파손 및 두드러진 변형이 없을 것
② 가대의 부식 및 녹이 없을 것
③ 코킹의 망가짐 및 불량이 없을 것
④ 접지저항이 100Ω 이하일 것

정 답 ④
접지저항 값이 전기설비기술기준이나 제작사 적용 코드에 정해진 접지저항이 확보되어 있는지를 접지저항 측정기로 확인한다.

2013 태양광기사

08. 태양전지 모듈의 배선공사가 끝나고 확인할 사항이 아닌 것은?

① 극성 확인
② 전압 확인
③ 단락전류 확인
④ 양극접지 확인

정 답 ④
태양전지 모듈의 배선공사가 끝나고 확인할 사항은 개방전압, 단락전류, 절연저항 등을 측정 확인한다.

2013 태양광산업기사

09. 간선의 굵기를 산정하는데 결정요소가 아닌 것은?

① 불평형 전류
② 허용전류
③ 전압강하
④ 고조파

정 답 ①
간선의 굵기를 산정하는데 결정요소는 허용전류, 전압강하, 기계적 강도를 고려하여 산정한다.

실전기출문제

10. 케이블의 단말처리 방법으로 가장 적절한 것은?

① 비닐절연 테이프로 단단하게 감는다.
② 자기융착 테이프를 여러번 당기면서 겹쳐 감는다.
③ 자기융착테이프 위에 다시 보호테이프로 감는다.
④ 면테이프로 단단하게 감는다.

정 답 ③
자기융착테이프 위에 다시 보호테이프로 감는다.

2장

태양광발전시스템 감리

1 태양광발전시스템 감리 개요

1. 태양광발전시스템 감리 개요

(1) 감리 개요

1) 감리 개요

"감리" 란 전력시설물 공사에 대하여 발주자의 위탁을 받은 감리업자가 설계도서, 그 밖의 관계서류의 내용대로 시공되는지 여부를 확인하고, 품질관리·공사관리 및 안전관리 등에 대한 기술지도를 하며, 관계법령에 따라 발주자의 권한을 대행하는 것을 말한다.

2) 용어의 정의

① "공사감리" 란, 전력시설물 공사에 대하여 발주자의 위탁을 받은 감리업자가 설계도서, 그 밖의 관계서류의 내용대로 시공되는지 여부를 확인하고, 품질관리·공사관리 및 안전관리 등에 대한 기술지도를 하며, 관계 법령에 따라 발주자의 권한을 대행하는 것을 말한다(이하 "감리" 라 한다).

② "발주자" 란, 전력시설물 공사에 따라 공사를 발주하는 자를 말한다.

③ "감리업자" 란, 공사감리를 업으로 하고자 시·도지사에게 등록한 자를 말한다.

④ "공사업자" 란, 전기공사업법에 의해 전기공사업에 등록을 한 자를 말한다.

⑤ "감리원" 이란 감리업체에 종사하면서 감리업무를 수행하는 사람으로서 상주감리원과 비상주감리원을 말한다.

⑥ "책임감리원" 이란, 감리업자를 대표하여 현장에 상주하면서 해당공사 전반에 관하여 책임감리 등의 업무를 총괄하는 사람을 말한다.

⑦ "보조감리원" 이란 책임감리원을 보좌하는 사람으로서 담당 감리업무를 책임감리원과 연대하여 책임지는 사람을 말한다.

⑧ "상주감리원" 이란, 현장에 상주하면서 감리업무를 수행하는 사람으로서 책임감리원과 보조감리원을 말한다.

⑨ "비상주감리원" 이란, 감리업체에 근무하면서 상주감리원의 업무를 기술적·행정적으로 지원하는 사람을 말한다.

⑩ "지원업무담당자" 란, 감리업무 수행에 따른 업무 연락 및 문제점 파악, 민원

해결, 용지보상 지원 그 밖에 필요한 업무를 수행하게 하기 위하여 발주자가 지정한 발주자의 소속직원을 말한다.

⑪ "공사계약문서" 란, 계약서, 설계도서, 공사입찰유의서, 공사계약 일반조건, 공사계약 특수조건 및 산출내역서 등으로 구성되며 상호보완의 효력을 가진 문서를 말한다.

⑫ "감리용역 계약문서" 란, 계약서, 기술용역입찰유의서, 기술용역계약 일반조건, 감리용역계약 특수조건, 과업지시서, 감리비 산출내역서 등으로 구성되며 상호보완의 효력을 가진 문서를 말한다.

⑬ "감리기간" 이란, 감리용역계약서에 표기된 계약기간을 말하며, 공사업자 또는 발주자의 사유 등으로 인하여 공사기간이 연장된 경우의 감리기간은 연장된 공사기간을 포함하여 감리용역 변경계약서에 표기된 기간을 말한다.

⑭ "검토" 란, 공사업자가 수행하는 중요사항과 해당공사와 관련한 발주자의 요구사항에 대하여 공사업자가 제출한 서류, 현장실정 등을 고려하여 감리원의 경험과 기술을 바탕으로 타당성 여부를 확인하는 것을 말한다.

⑮ "확인" 이란, 공사업자가 공사를 공사계약 문서대로 실시하고 있는지 여부 또는 지시·조정·승인·검사 이후 실행한 결과에 대하여 발주자 또는 감리원이 원래의 의도와 규정대로 시행되었는지를 확인하는 것을 말한다.

⑯ "검토·확인" 이란, 공사의 품질을 확보하기 위하여 기술적인 검토뿐만 아니라 그 실행결과를 확인하는 일련의 과정을 말하며 검토·확인자는 검토·확인사항에 대하여 책임을 진다.

⑰ "지시" 란, 발주자가 감리원 또는 감리원이 공사업자에게 발주자의 발의나 기술적·행정적 소관 업무에 관한 계획, 방침, 기준, 지침, 조정 등에 대하여 기술지도를 하고, 실시하게 하는 것을 말한다. 다만, 지시사항은 계약문서에 나타난 지시 및 이행사항에 해당하는 것을 원칙으로 하며, 구두 또는 서면으로 지시할 수 있으나 지시내용과 그 처리 결과는 반드시 확인하여 문서로 기록·비치하여야 한다.

⑱ "요구" 란, 계약당사자들이 계약조건에 나타난 자신의 업무에 충실하고 정당한 계약이행을 위하여 상대방에게 검토, 조사, 지원, 승인, 협조 등 적합한 조치를 취하도록 의사를 밝히는 것으로, 요구사항을 접수한 자는 반드시 이에 대한 적절한 답변을 하여야 한다.

⑲ "승인" 이란, 발주자 또는 감리원이 공사 또는 감리업무와 관련하여, 이 지침에 나타난 승인사항에 대하여 감리원 또는 공사업자의 요구에 따라 그 내용

을 서면으로 동의하는 것을 말하며, 발주자 또는 감리원의 승인 없이는 다음 단계의 업무를 수행할 수 없다.

⑳ "조정" 이란, 공사 또는 감리업무가 원활하게 이루어지도록 하기 위하여 감리원, 발주자, 공사업자가 사전에 충분한 검토와 협의를 통하여 관련자 모두가 동의하는 조치가 이루어지도록 하는 것을 말하며, 조정결과가 기존의 계약내용과의 차이가 있을 때에는 계약변경 사항의 근거가 된다.

㉑ "작성" 이란, 공사 또는 감리에 관한 각종 서류, 변경 설계도서, 계획서, 보고서 및 관련 도서를 양식에 맞게 제작, 검토, 관리하는 것을 말한다. 각 설계도서 및 서류 별로 작성주체·소요비용에 관하여 계약할 때 명시하거나 사전에 협의하는 것을 원칙으로 하여 업무의 혼란이 없도록 한다.

㉒ "검사" 란, 공사계약문서에 나타난 공사 등의 단계 또는 자재 등에 대한 공정과 완성품의 품질을 확보하기 위하여 감리원 또는 검사원이 시공상태 또는 완성품 등의 품질, 규격, 수량 등을 확인하는 것을 말한다. 이 경우 공사업자가 실시한 확인 결과 중 대표가 되는 부분을 추출하여 실시할 수 있으며, 공사에 대한 합격 판정은 검사원이 한다.

㉓ "제3자" 란, 감리업무 수행과 관련한 감리업자 및 감리원을 제외한 모든 자를 말한다.

㉔ "보고" 란, 감리업무 수행에 관한 내용이나 결과를 말이나 글로 알리는 것을 말한다.

㉕ "협의" 란, 여러 사람이 모여 서로의 의견을 의논하는 것을 말한다.

㉖ "요구" 란, 어떤 행위를 할 것을 청하는 것을 말한다.

㉗ "작성" 이란, 서류, 계획 등을 만드는 것을 말한다.

(2) 업종별 감리

감리는 설계감리와 공사감리로 분류할 수 있으며 감리원이 수행한다.

① 설계감리

전력시설물의 설치·보수 공사(이하 "전력시설물공사" 라 한다)의 계획·조사 및 설계가 전력기술기준과 관계법령에 따라 적정하게 시행되도록 관리하는 것을 말한다.

② 공사감리

전력시설물 공사에 대하여 발주자의 위탁을 받은 감리업자가 설계도서, 그 밖의 관계서류의 내용대로 시공되는지 여부를 확인하고, 품질관리·공사관리 및 안전관리 등에 대한 기술지도를 하며, 관계 법령에 따라 발주자의 권한을 대행하는 것을 말한다(이하 "감리" 라 한다).

(3) 시방서의 종류

① 표준 시방서

시설물별 표준적인 시공기준으로 발주청 또는 설계 등 용역업자가 공사시방서를 작성하는 경우에 활용하기 위한 시공기준을 규정한 시방서

② 전문 시방서

시설물별 표준시방서를 기본으로 모든 공종을 대상으로 하여 특정한 공사의 시공 또는 공사 시방서의 작성에 활용하기 위한 종합적인 시공기준을 규정한 시방서

③ 공사시방서

공사의 특수성, 지역여건, 공사방법 등을 고려하여 표준 및 전문 시방서를 기본으로 작성한 시방서

④ 특기시방서

공사의 특징에 따라서 표준시방서의 적용범위, 표준시방서에 없는 사항과 표준시방서에서 특기 시방으로 정하도록 되어 있는 사항 등을 규정한 시방서

⑤ 성능시방서

재료와 시공방법은 기술하지 않고 목적하는 결과 즉 성능의 판정기준에 대해 이를 판별하는 방법 등을 기술한 시방서

⑥ 공법시방서

재료와 시공방법을 상세히 기술한 시방서

⑦ 일반시방서

입찰 요구조건과 계약조건으로 구분되어 비기술적인 일반사항을 규정하는 시방서

⑧ 기술시방서

제품명이나, 상품명을 사용하지 않고 공사자재, 공법의 특성이나 설치방법을 정확히 규정하여 성능실현을 위한 방법을 자세히 서술한 시방서

2. 설계감리

(1) 설계 기본방향과 관리

1) 설계감리의 개념

"설계감리" 란 전력시설물의 설치·보수 공사(이하 "전력시설물공사" 라 한다)의

계획·조사 및 설계가 전력기술기준과 관계법령에 따라 적정하게 시행되도록 관리하는 것을 말한다.

2) 용어의 정의

① "설계감리" 란, 전력시설물의 설치·보수 공사(이하 "전력시설물공사" 라 한다)의 계획·조사 및 설계가 법 제9조에 따른 전력기술기준과 관계 법령에 따라 적정하게 시행되도록 관리하는 것을 말한다.

② "발주자" 란, 전력시설물공사의 설계감리 용역을 발주하는 자를 말한다.

③ "설계용역성과" 란, 법 제11조에 따른 설계도서(설계도면, 설계내역서,설계설명서, 그 밖에 발주자가 필요하다고 인정하여 요구한 관련 서류) 및 각종 보고서를 포함한 설계자가 발주자에게 제출하여야 하는 성과물을 말한다.

④ "설계의 경제성 검토" 란, 전력시설물의 현장적용 적합성 및 생애주기비용 등을 검토하는 것을 말한다.

⑤ "설계감리자" 란, 영 제18조제2항 및 「전력기술관리법 시행규칙」 제17조제1항에 따라 시·도지사의 확인을 받은 업체를 말한다.

⑥ "설계감리원" 이란, 설계감리자에 소속하여 설계감리 용역계약에 따라 설계감리업무를 직접 수행하는 전기 분야 기술사, 고급기술자 또는 고급감리원(경력수첩 또는 감리원 수첩을 발급받은 사람을 말한다) 이상인 사람을 말한다.

⑦ "지원업무수행자" 란, 설계용역 및 설계감리 용역에 관한 업무를 주관하는 사람으로서 지침 제7조에 따른 업무를 수행하는 발주자의 소속직원을 말한다.

⑧ "설계감리용역 계약문서" 란, 계약서, 설계감리용역 입찰유의서, 설계감리용역계약 일반조건, 설계감리용역계약 특수조건, 과업내용서 및 설계감리비 산출내역서로 구성되며 상호보완의 효력을 가진다.

⑨ "설계감리 기간" 이란, 설계감리용역 계약서에 표기된 계약기간을 말한다.

⑩ "검토" 란, 설계자의 설계용역에 포함되어 있는 중요사항과 해당 설계용역과 관련한 발주자의 요구사항에 대하여 설계자 제출서류, 현장 실정 등 그 내용을 설계감리원이 숙지하고, 설계감리원의 경험과 기술을 바탕으로 하여 적합성 여부를 파악하는 것을 말하며, 사안에 따라 검토의견을 발주자에 보고 또는 설계자에게 제출하여야 한다.

⑪ "확인" 이란, 발주자 또는 설계감리원이 설계자가 설계용역을 계약문서 대로 실시하고 있는지 및 지시·조정·승인 사항에 대한 이행 여부를 문서 등으로

확인하는 것을 말한다.

⑫ "검토·확인" 이란, 설계용역성과의 품질을 확보하기 위해 기술적인 검토뿐만 아니라, 그 실행결과를 확인하는 일련의 과정을 말한다.

⑬ "지시" 란, 발주자가 설계감리원 및 설계자에게 또는 설계감리원이 설계자에게 소관 업무에 관한 방침, 기준, 계획 등에 대하여 기술지도를 하고, 실시하게 하는 것을 말한다. 다만, 지시사항은 계약문서에 나타난 지시 및 이행사항에 해당하는 것을 원칙으로 하며, 구두 또는 서면으로 지시할 수 있으나 지시내용과 그 처리결과는 반드시 확인하여 문서로 기록·비치하여야 한다.

⑭ "요구" 란, 계약당사자가 계약조건에 나타난 자신의 업무에 충실하고 정당한 계약수행을 위해 상대방에게 검토, 조사, 지원, 승인, 협조 등의 적합한 조치를 취하도록 의사를 밝히는 것으로, 요구사항을 접수한 자는 반드시 이에 대한 적절한 답변을 하여야 하며 이 경우 의사표시는 원칙적으로 서면으로 한다.

⑮ "승인" 이란, 설계감리원 및 설계자가 승인 요청한 사항 등에 대하여 발주자가 설계감리원 및 설계자에게 또는 설계감리원이 설계자에게 서면으로 동의하는 것을 말한다. 이 경우 설계감리원 및 설계자는 승인되지 않은 업무를 수행할 수 없다.

⑯ "조정" 이란, 설계용역 또는 설계감리업무가 원활하게 이루어지도록 하기 위하여 설계자, 설계감리원 및 발주자가 사전에 충분한 검토와 협의를 통해 관련자 모두가 동의하는 조치가 이루어지도록 하는 것을 말한다.

⑰ "작성" 이란, 설계용역 또는 설계감리에 관한 각종 변경설계서, 계획서, 보고서 및 관련 도서를 양식에 맞게 제작하여 관련자에게 제출하는 것을 말하며, 설계서 및 서류별로 작성주체, 소요비용에 관해 계약시 명시하거나 사전에 협의하는 것을 원칙으로 한다.

3) 발주자, 설계감리원 및 설계자의 기본임무

① 발주자의 기본임무

㉠ 설계감리 용역계약에 정해진 바에 따라 설계감리용역을 총괄하고, 용역계약 이행에 필요한 다음 각 목의 사항을 지원·협력하여야 하며 설계감리가 성실히 수행되고 있는지 지도·점검을 실시하여야 한다.

- 설계 및 설계감리용역에 필요한 설계도면, 문서, 참고자료와 설계감리용역 계약문서에 명기한 자재·장비·비품 및 설비의 제공
- 설계 및 설계감리용역 시행에 따른 업무연락, 문제점 파악 및 민원해결

- 설계 및 설계감리용역 시행에 필요한 국가 등 공공기관과의 협의 등 필요한 사항에 대한 조치
- 설계감리원이 계약 이행에 필요한 설계용역업체의 문서, 도면, 자재, 장비, 설비 등에 대한 자료 제출
- 설계감리원이 보고한 설계용역의 내용이나 범위 등의 변경, 설계용역 준공기한 연기요청, 그 밖에 현장실정보고 등 방침 요구사항에 대하여 설계감리업무 수행에 지장이 없도록 의사를 결정하여 통보
- 특수공법 등 주요 공종에 대해 외부전문가의 자문 등 필요하다고 인정되는 경우에는 설계감리원 등과 협의 조치
- 그 밖에 설계감리자와 계약으로 정한 사항에 대한 지도·감독

㉡ 관계 법령에서 별도로 정하는 사항 외에는 정당한 사유 없이 설계감리원의 업무를 간섭하거나 침해하지 않아야 한다.

㉢ 설계감리용역을 시행함에 있어 설계기간과 준공처리 등을 감안하여 충분한 기간을 부여하여 최적의 설계품질이 확보되도록 노력하여야 한다.

㉣ 이 지침의 내용 중 발주자는 설계자 및 설계감리원이 지켜야할 의무사항에 대하여는 계약문서에 정하여야 한다.

② 설계감리원의 기본임무

㉠ 설계용역 계약 및 설계감리용역 계약내용이 충실히 이행될 수 있도록 하여야 한다.

㉡ 해당 설계용역이 관련 법령 및 전기설비기술기준 등에 적합한 내용대로 설계되는지의 여부를 확인 및 설계의 경제성 검토를 실시하고, 기술지도 등을 하여야 한다.

㉢ 설계공정의 진척에 따라 설계자로부터 필요한 자료 등을 제출받아 설계용역이 원활히 추진될 수 있도록 설계감리 업무를 수행하여야 한다.

㉣ 과업지시서에 따라 업무를 성실히 수행하고 설계의 품질향상에 따라 노력하여야 한다.

③ 설계자의 기본임무

㉠ 설계용역계약에 정하는 바에 따라 관련 법령 및 전기설비기술기준 등에 적합한 설계의 수행에 대하여 책임을 지고 신의와 성실의 원칙에 입각하여 설계하고, 정해진 기간 내에 완성하여야 하며 발주자가 직접지시 또는 설계감리원을 통하여 지시된 재설계, 설계중지명령 및 그 밖에 필요한 조치에 대한 지시를 받을 때에는 특별한 사유가 없으면 응하여야 한다.

㉡ 발주자와의 설계용역 계약문서에서 정하는 바에 따라 설계감리원의 업무에 협조하여야 한다.

5) 설계감리 관련업무의 범위

① 설계감리원의 업무범위

설계감리원이 수행하여야 할 업무범위는 영 제18조제5항에 따른 업무 범위를 포함하여야 하며, 다음 각 호의 업무를 수행하여야 한다.

- 주요 설계용역 업무에 대한 기술자문
- 사업기획 및 타당성조사 등 전 단계 용역 수행 내용의 검토
- 시공성 및 유지관리의 용이성 검토
- 설계도서의 누락, 오류, 불명확한 부분에 대한 추가 및 정정 지시 및 확인
- 설계업무의 공정 및 기성관리의 검토·확인
- 설계감리 결과보고서의 작성
- 그 밖에 계약문서에 명시된 사항

② 발주자의 지도·감독 및 지원업무수행자의 업무범위

㉠ 발주자는 설계감리용역 계약문서에 정해진 바에 따라 다음 각 호의 사항에 대하여 설계감리원을 지도·감독한다.

- 품위손상 여부 및 근무자세
- 발주자 지시사항의 이행상태
- 행정서류 및 비치서류 처리상태

㉡ 지원업무수행자는 해당 설계용역의 수행에 따른 업무연락, 문제점 파악, 민원해결 및 설계감리원의 지도·점검업무를 수행하며 비상주를 원칙으로 한다.

㉢ 지원업무수행자는 설계감리원을 통하여 발주자의 지시사항을 설계자에게 전달하며 설계자에게 직접 지시한 사항은 설계감리원에게도 알려주어야 한다.

㉣ 지원업무수행자는 설계감리를 추진함에 있어 다음 각 호의 주요업무를 수행하여야 한다.

- 설계감리 업무수행계획서 등 검토
- 설계감리원에 대한 지도·점검
- 설계감리원이 보고한 사항 중 발주자의 조정·승인 및 방침결정 등이 필요한 사항에 대한 검토·보고 및 조치
- 설계용역의 내용이나 범위 등 변경, 설계용역의 기간연장 등 주요사항

발생 시 발주자로부터 검토·지시가 있을 경우 확인 및 검토·보고
- 설계용역 및 설계감리 관계자 회의 등에 참석, 발주자의 지시사항 전달, 설계용역 및 설계감리 수행상 문제점 파악·보고
- 필요한 경우 설계용역 및 설계감리의 기성검사 입회
- 필요한 경우 설계용역 및 설계감리의 준공검사 입회
- 설계용역 준공도서 및 설계감리 보고서 등의 인수
- 설계용역 및 설계감리 하자 발생 시 사후조치

ⓜ 발주자는 설계감리원이 발주자의 지시에 위반된다고 판단되는 업무를 수행할 경우에는 이에 대한 해명을 하게 하거나 시정하도록 서면지시를 할 수 있다.

(2) 설계 절차별 제출서류

표 2-1 공사시행 단계별 업무안내

단계	업 무 종 류	세 부 사 항	업 무 담 당			
			발주자	지원업무 담당자	감리원	공사업자
공사 착공	감리계약 체결	PQ기준	주관			
		감리업무수행계획서, 감리원배치계획서	승인	검토	작성	
	용지측량, 기공승락, 지장물이설 확인 용지보상 등의 지원업무를 수행			주관		
	감리업무착수(전반적 사항)		승인	확인	보고	
	업무연락처 등의 보고		승인	확인	보고	
	설계도서 등의 검토	감리원에게 보고				검토, 보고
		발주자에게 보고			검토, 보고	
	설계도서 등의 관리				시행	
	공사표지판 등의 설치				승인	시행
	착공신고서				검토, 보고	작성
	공사관계자 합동회의		주관	주관	설명,	
	하도급 관련사항				검토	요구

단계	업 무 종 류	세 부 사 항	업 무 담 당			
			발주자	지원업무 담당자	감리원	공사업자
	현장사무소, 공사용도로 작업장부지 등의 선정	가설시설물 설치계획표		협의	승인	작성
	현지여건조사				합동 조사	합동 조사
공사 시행		발주자에 대한 정기 및 수시보고사항	접수		보고	
		현장정기교육			지시	주관
		감리원의 의견제시 등	요구		작성, 보고	
		민원사항처리 등	요구	요구	작성	
		시공기술자 등의 교체	요구	조사, 검토	보고	시행
		제3자 손해의 방지			지시	주관
		공사업자에 대한 지시			주관	시행
		수명사항의 처리			보고	시행
		사진촬영 및 보관			보관	주관
	품질관리	품질관리계획	승인		검토 확인	작성
		품질시험계획서			검사 확인	작성
		중점품질관리			입회 확인	시행
		외부기관에 품질시험의뢰	주관		검토 확인	주관
	시공관리	시공계획서			검토 확인	작성
		시공상세도			검토 확인	작성
		금일작업실적 및 명일작업계획서			검토 확인	작성, 협의
		시공확인			확인,	요구
		검사업무			확인,	요구
		현장상황 보고	지시		보고	

단 계	업 무 종 류	세 부 사 항	업 무 담 당			
			발주자	지원업무 담당자	감리원	공사업자
공사 시행	공정관리	공정관리계획서			검토, 확인, 보고, 승인	작성
		공사진도 관리			검토, 확인, 지시	작성
		부진공정 만회대책			지시, 검토, 확인, 보고	작성
		수정 공정계획			검토, 승인, 보고	요구, 작성
		준공기한 연기원			검토, 확인, 보고	요구, 작성
		공정현황보고			검토, 확인, 보고	보고
	안전관리	안전관리 조직편성 및 임무			검토	작성
		안전점검	주관		지도, 감독	시행
		안전교육			지도, 감독	시행
		안전관리 결과보고서			검토, 지시	작성
		사고처리			지시, 보고	조치
	환경관리	환경관리			지도, 감독,	시행,
		제보고 사항			보고	작성
설계변경 및 계약금액의 조정	설계변경	경미한 설계변경			검토, 확인, 보고, 승인	작성
		발주자의 지시에 따른 설계변경			검토, 확인, 보고	검토, 보고,작성
		공사업자 제안에 따른 설계변경			검토, 확인, 보고	작성
		계약금액의 조정			검토, 확인 보고	작성
		설계변경전 기성고 및 지급자재의 지급	승인		확인	요구

단 계	업 무 종 류	세 부 사 항	업 무 담 당			
			발주자	지원업무 담당자	감리원	공사업자
기성 및 준공검사	검사지침	검사자의 임명			보고	
		불합격 공사에 대한 재시공 명령			지시	시행
	기성부분검사절차	기성부분 검사원 및 기성내역서 검토			검토	작성
		감리조서의 작성			작성	
		기성부분 검사			입회, 검사, 보고	입회
기성부분 및 준공검사	준공검사 절차	시설물 시운전			검토 보고	주관
		예비 준공검사		입회	검사, 지시, 입회	시행
		준공도면 등의 검토·확인			검토, 확인	제출
		준공표지의 설치			지시, 확인	시행
인수·인계	시설물 인수·인계	시설물 인수·인계계획 수립			검토, 통보	작성
		시설물 인수·인계	시행		입회, 검토	시행
	준공 후 현장문서 인수·인계	준공도서 등의 인수	협의, 인수		협의, 작성	
	유지관리 및 하자보수	시설물의 유지관리 지침서 등			검토, 보고	
		하자보수에 대한 의견제시	요구		의견 제시	

(3) 설계도서 검토

1) 설계용역의 관리

설계감리원은 설계용역 착수 및 수행단계에서 다음 각 항의 설계감리 업무를 수행하여야 한다.

① 설계감리원은 설계업자로부터 착수신고서를 제출받아 다음 각 호의 사항에 대한 적정성 여부를 검토하여 보고하여야 한다.

㉠ 예정공정표

㉡ 과업수행계획 등 그 밖에 필요한 사항

② 설계감리원은 필요한 경우 다음 각 호의 문서를 비치하고, 그 세부양식은 발주자의 승인을 받아 설계감리과정을 기록하여야 하며, 설계감리 완료와 동시에 발주자에게 제출하여야 하며, 필요한 경우 전자매체(CD -ROM)로 제출할 수 있다.

㉠ 근무상황부

㉡ 설계감리일지

㉢ 설계감리지시부

㉣ 설계감리기록부

㉤ 설계자와 협의사항 기록부

㉥ 설계감리 추진현황

㉦ 설계감리 검토의견 및 조치 결과서

㉧ 설계감리 주요검토결과

㉨ 설계도서 검토의견서

㉩ 설계도서(내역서, 수량산출 및 도면 등)를 검토한 근거서류

㉪ 해당 용역관련 수·발신 공문서 및 서류

㉫ 그 밖에 발주자가 요구하는 서류

③ 설계감리원은 발주된 설계용역의 특성에 맞게 지침에 따른 설계감리원 세부업무 내용을 정하고 다음 각 호의 사항을 포함한 설계감리업무 수행계획서를 작성하여 발주자에게 제출하여야 한다.

㉠ 대상 : 용역명, 설계감리규모 및 설계감리기간 등

㉡ 세부시행계획 : 세부공정계획 및 업무흐름도 등

㉢ 보안대책 및 보안각서

㉣ 그 밖에 발주자가 정한 사항

④ 설계감리원은 설계용역의 계획 및 예정공정표에 따라 설계업무의 진행상황 및 기성 등을 검토·확인하여야 하며 이를 정기적으로 발주자에 보고하여야 한다.

⑤ 설계감리원은 설계의 해당 공정마다 설계공정별 관리를 수행하여야 한다.

⑥ 설계감리원은 설계용역의 수행에 있어 지연된 공정의 만회대책을 설계자와 협의하여 수립하여야 하며, 이에 대한 조치 등을 수행하여 발주자에게 보고하여야 한다.

⑦ 설계감리원은 설계용역의 공정관리에 있어 문제점이 있는 경우 이를 해결하기 위해 공정회의를 개최할 수 있다.

㉠ 공정표, 주요관리점 공정표 및 추가로 작성하는 세부공정표의 검토

㉡ 사전 서류검토나 회의를 통해서 나타난 문제점들의 협의 및 해결방안의 검토

⑧ 설계감리원은 발주자의 요구 및 지시사항에 따라 변경사항이 발생할 경우 이에 대해 설계자가 원활히 대처할 수 있도록 지시 및 감독을 하여야 하며, 설계자의 요구에 의해 변경사항이 발생할 때에는 기술적인 적합성을 검토·확인하여 발주자에게 보고하여 승인을 받아야 한다.

2) 설계감리원의 지원업무

설계감리원은 설계용역 수행단계에서 발주자 및 설계자의 설계 수행절차에 대한 문제점 및 기술적인 애로사항의 해결을 위한 다음 각 호의 지원업무를 수행하여야 한다.

① 설계상 기술적인 애로사항의 해결을 위해 직접 자문가의 역할을 수행하거나 외부 전문가의 활용을 통한 설계품질 향상을 도모

② 설계자의 조치계획에 대한 적정성 검토

③ 그 밖에 발주자 및 설계자가 설계수행을 위하여 요청하는 사항

3) 설계용역의 성과검토

① 설계감리원은 설계자가 작성한 전력시설물공사의 설계설명서가 다음 각 호의 사항이 적정하게 반영되어 작성되었는지 여부를 검토하여야 한다.

㉠ 공사의 특수성, 지역여건 및 공사방법 등을 고려하여 설계도면에 구체적으로 표시할 수 없는 내용

㉡ 자재의 성능·규격 및 공법, 품질시험 및 검사 등 품질관리, 안전관리 및 환경관리 등에 관한 사항

㉢ 그 밖에 공사의 안전성 및 원활한 수행을 위하여 필요하다고 인정되는 사항

② 설계감리원은 설계도면의 적정성을 검토함에 있어 다음 각 호의 사항을 확인하여야 한다.

㉠ 도면작성이 의도하는 대로 경제성, 정확성 및 적정성 등을 가졌는지 여부

㉡ 설계입력자료가 도면에 맞게 표시되었는지 여부

㉢ 설계결과물(도면)이 입력자료와 비교해서 합리적으로 되었는지 여부

㉣ 관련도면들과 다른 관련문서들의 관계가 명확하게 표시되었는지 여부

㉤ 도면이 적정하게, 해석 가능하게, 실시 가능하며 지속성 있게 표현되었는지 여부

㉥ 도면상에 사업명을 부여 했는지 여부

③ 설계감리원은 설계용역 성과검토를 통한 검토업무를 수행하기 위해 세부검토사항 및 근거를 포함한 설계감리 검토목록(Check List)을 작성하여 관리하여야 한다.

④ 설계감리원은 제1항부터 제3항까지의 검토결과 설계도서의 누락, 오류, 부적정한 부분에 대하여 설계자와 설계감리원간에 이견이 발생하였을 경우에는 발주자에게 보고하여 승인을 받은 후 설계자에게 수정, 보완되도록 지시하고 그 이행여부를 확인하여야 한다.

4) 설계감리 보고서 작성 등

설계감리원은 과업의 개괄적인 개요, 제4조에 따른 업무내용 및 전 단계의 용역 성과 검토를 포함한 설계감리 결과보고서를 작성하여야 한다.

5) 설계감리용역의 성과물

설계감리원은 설계감리 완료일에 계약서에 따른 설계감리용역 성과물을 종합적으로 기술한 다음 각 호의 내용을 발주자에게 제출하여야 하며, 필요한 경우 전자매체(CD-ROM)로 제출할 수 있다.

① 설계감리 결과보고서

② 그 밖에 설계감리수행 관련 서류

6) 설계감리의 기성 및 준공

책임 설계감리원이 설계감리의 기성 및 준공을 처리한 때에는 다음 각 호의 준공서류를 구비하여 발주자에게 제출하여야 한다.

① 설계용역 기성부분 검사원 또는 설계용역 준공검사원

② 설계용역 기성부분 내역서
③ 설계감리 결과보고서
④ 감리기록서류
㉠ 설계감리일지
㉡ 설계감리지시부
㉢ 설계감리기록부
㉣ 설계감리요청서
㉤ 설계자와 협의사항 기록부
⑤ 그 밖에 발주자가 과업지시서상에서 요구한 사항

3. 착공감리

(1) 설계도서 검토

1) 행정업무

① 감리업자는 감리용역계약 즉시 상주 및 비상주감리원의 투입 등 감리업무 수행준비에 대하여 발주자와 협의하여야 하며, 계약서상 착수일에 감리용역을 착수하여야 한다. 다만, 감리대상 공사의 전부 또는 일부가 발주자의 사정 등으로 계약서상 착수일에 감리용역을 착수할 수 없는 경우에는 발주자는 실 착수시점 및 상주감리원 투입시기 등을 조정하여 감리업자에게 통보하여야 한다.
② 감리업자는 감리용역 착수 시 다음 각 호의 서류를 첨부한 착수신고서를 제출하여 발주자의 승인을 받아야 한다.
㉠ 감리업무 수행계획서
㉡ 감리비 산출내역서
㉢ 상주, 비상주 감리원 배치계획서와 감리원의 경력확인서
㉣ 감리원 조직 구성내용과 감리원별 투입기간 및 담당업무
③ 감리업자는 제2항제3호에 따른 감리원 배치계획서에 따라 감리원을 배치하여야 한다. 다만, 감리원의 퇴직·입원 등 부득이한 사유로 감리원을 교체하려는 때에는 운영요령 제25조제5항·제9항에 따라 교체·배치하여야 한다.
④ 발주자는 제2항제3호 및 제4호의 내용을 검토하여 감리원 또는 감리조직 구성 내용이 해당공사현장의 공종 및 공사 성격에 적합하지 아니하다고 인정될 경우에는 감리업자에게 사유를 명시하여 서면으로 변경을 요구할 수 있

으며, 변경요구를 받은 감리업자는 특별한 사유가 없으면 응하여야 한다.

⑤ 발주자의 승인을 받은 감리원은 업무의 연속성, 효율성 등을 고려하여 특별한 사유가 없으면 감리용역이 완료될 때까지 근무하여야 한다.

⑥ 감리원의 구성은 계약문서에 기술된 과업내용에 따라 관련분야 기술자격 또는 학력·경력을 갖춘 사람으로 구성되어야 한다.

⑦ 책임감리원과 보조감리원은 개인별로 업무를 분담하고 그 분담내용에 따라 업무 수행계획을 수립하여 과업을 수행하여야 한다.

⑧ 감리원은 시공과 관련하여 공사업자에게 각종 인·허가사항을 포함한 제반법규 등을 준수하도록 지도·감독하여야 하며, 발주자가 받아야 하는 인·허가사항은 발주자에게 협조·요청하여야 한다.

⑨ 감리원은 현장에 부임하는 즉시 사무소, 숙소 또는 비상연락처 및 FAX, 우편 연락처 등을 발주자에게 보고하여 업무연락에 차질이 없도록 하여야 하며, 연락처 등이 변경된 경우에도 즉시 보고하여야 한다.

2) 설계도서 등의 검토 및 관리

① 설계도서 등의 검토

㉠ 감리원은 설계도면, 설계설명서, 공사비 산출내역서, 기술계산서, 공사계약서의 계약내용과 해당공사의 조사 설계보고서 등의 내용을 완전히 숙지하여 새로운 방향의 공법개선 및 예산절감을 도모하도록 노력하여야 한다.

㉡ 감리원은 설계도서 등에 대하여 공사계약문서 상호 간의 모순되는 사항, 현장 실정과의 부합여부 등 현장시공을 주안으로 하여 해당공사 시작 전에 검토하여야 하며 검토내용에는 다음 각 호의 사항 등이 포함되어야 한다.

- 현장조건에 부합 여부
- 시공의 실제가능 여부
- 다른 사업 또는 다른 공정과의 상호부합 여부
- 설계도면, 설계설명서, 기술계산서, 산출내역서 등의 내용에 대한 상호일치 여부
- 설계도서의 누락, 오류 등 불명확한 부분의 존재여부
- 발주자가 제공한 물량 내역서와 공사업자가 제출한 산출내역서의 수량일치 여부
- 시공 상의 예상 문제점 및 대책 등

㉢ 감리원 제2항의 검토결과 불합리한 부분, 착오, 불명확하거나 의문사항이 있을 때에는 그 내용과 의견을 발주자에게 보고하여야 한다. 또한, 공사업자에게도 설계도서 및 산출내역서 등을 검토하도록 하여 검토결과를 보고받아야 한다.

② 설계도서 등의 관리

㉠ 감리원은 감리업무 착수와 동시에 공사에 관한 설계도서 및 자료, 공사계약문서 등을 발주자로부터 인수하여 관리번호를 부여하고, 관리대장을 작성하여 공사관계자 이외의 자에게 유출을 방지하는 등 관리를 철저히 하여야 하며, 외부에 유출하고자 하는 때에는 발주자 또는 지원업무담당자의 승인을 받아야 한다.

㉡ 감리원은 설계도면 등 중요한 자료는 반드시 잠금장치로 된 서류함에 보관하여야 하며, 캐비닛 등에 보관된 설계도서 및 관리서류의 명세서를 기록하여 내측에 부착하여 관리하여야 한다.

㉢ 공사업자가 차용하여 간 설계도서 등 중요자료를 반드시 잠금장치로 된 서류함에 보관하여 분실 또는 유실되지 않도록 지도·감독하여야 한다.

㉣ 감리원은 공사완료 후 공사시작 전에 인수하여 보관하고 있는 설계도서 등을 발주자에게 반납하거나 지시에 따라 폐기 처분한다.

㉤ 감리원은 공사의 여건을 감안하여 각종 법령, 표준 설계설명서 및 필요한 기술서적 등을 비치하여야 한다.

3) 공사표시판 등의 설치

① 감리원은 공사업자가 「전기공사업법」 제24조에 따라 공사표지를 게시하고자 할 때에는 표지판의 제작방법, 크기, 설치 장소 등이 포함된 표지판 제작설치계획서를 제출받아 검토한 후 설치하도록 하여야 한다.

② 공사현장의 표지는 「전기공사업법 시행규칙」에 따라 공사 시작일부터 준공 전일까지 게시·설치하여야 한다.

(2) 착공신고서 검토 및 보고

1) 감리원은 공사가 시작된 경우에는 공사업자로부터 다음 각 호의 서류가 포함된 착공신고서를 제출받아 적정성 여부를 검토하여 7일 이내에 발주자에게 보고하여야 한다.

① 시공관리책임자 지정통지서(현장관리조직, 안전관리자)

② 공사예정공정표

③ 품질관리계획서

④ 공사도급 계약서 사본 및 산출내역서

⑤ 공사시작 전 사진

⑥ 현장기술자 경력사항 확인서 및 자격증 사본

⑦ 안전관리계획서

⑧ 작업인원 및 장비투입 계획서

⑨ 그 밖에 발주자가 지정한 사항

2) 감리원은 다음 각 호를 참고하여 착공신고서의 적정여부를 검토하여야 한다.

① 계약내용의 확인

㉠ 공사기간(착공~준공)

㉡ 공사비 지급조건 및 방법(선급금, 기성부분 지급, 준공금 등)

㉢ 그 밖에 공사계약문서에 정한 사항

② 현장기술자의 적격여부

㉠ 시공관리책임자 : 「전기공사업법」 제17조

㉡ 안전관리자 : 「산업안전보건법」 제15조

③ 공사 예정공정표

작업 간 선행·동시 및 완료 등 공사 전·후 간의 연관성이 명시되어 작성되고, 예정 공정률이 적정하게 작성되었는지 확인

④ 품질관리계획

공사 예정공정표에 따라 공사용 자재의 투입시기와 시험방법, 빈도 등이 적정하게 반영되었는지 확인

⑤ 공사 시작 전 사진

전경이 잘 나타나도록 촬영되었는지 확인

⑥ 안전관리계획

산업안전보건법령에 따른 해당 규정 반영여부

⑦ 작업인원 및 장비투입 계획

공사의 규모 및 성격, 특성에 맞는 장비형식이나 수량의 적정여부 등

3) 공사관계자 합동회의

감리원은 발주자(지원업무수행자)가 주관하는 공사관계자 합동회의에 참석하여 필요한 경우에는 현장조사결과와 설계도면 등의 검토내용을 설명하여야 하며, 그 결과를 회의 및 협의내용 관리대장에 기록·관리하여야 한다.

(3) 하도급 관련사항 검토

① 감리원은 공사업자가 도급받은 공사를 「전기공사업법」에 따라 하도급 하고자 발주자에게 통지하거나, 동의 또는 승낙을 요청하는 사항에 대해서는 「전기공사업법 시행규칙」 별지 제20호서식의 전기공사 하도급 계약통지서에 관한 적정성 여부를 검토하여 요청받은 날부터 7일 이내에 발주자에게 의견을 제출하여야 한다.

② 감리원은 제1항에 따라 처리된 하도급에 대해서는 공사업자가 「하도급거래 공정화에 관한 법률」에 규정된 사항을 이행하도록 지도·감독하여야 한다.

③ 감리원은 공사업자가 하도급 사항을 제1항과 제2항에 따라 처리하지 않고 위장 하도급하거나 무면허업자에게 하도급하는 등 불법적인 행위를 하지 않도록 지도하고, 공사업자가 불법하도급하는 것을 안 때에는 공사를 중지시키고 발주자에게 서면으로 보고하여야 하며, 현장 입구에 불법하도급 행위신고 표지판을 공사업자에게 설치하도록 하여야 한다.

(4) 현장여건 조사

1) 현장사무소, 공사용 도로, 작업장부지 등의 선정

① 감리원은 공사 시작과 동시에 공사업자에게 다음 각 호에 따른 가설시설물의 면적, 위치 등을 표시한 가설시설물 설치계획표를 작성하여 제출하도록 하여야 한다.

㉠ 공사용도로(발·변전설비, 송·배전설비에 해당)

㉡ 가설사무소, 작업장, 창고, 숙소, 식당 및 그 밖의 부대설비

㉢ 자재 야적장

㉣ 공사용 임시전력

② 감리원은 제1항에 따른 가설시설물 설치계획에 대하여 다음 각 호의 내용을 검토하고 지원업무담당자와 협의하여 승인하도록 하여야 한다.

㉠ 가설시설물의 규모는 공사규모 및 현장여건을 고려하여 정하여야 하며, 위치는 감리원이 공사 전구간의 관리가 용이하도록 공사 중의 동선계획을 고려할 것

㉡ 가설시설물이 공사 중에 이동, 철거되지 않도록 지하구조물의 시공위치와 중복되지 않는 위치를 선정

㉢ 가설시설물에 우수가 침입되지 않도록 대지조성 시공기면(F.L)보다 높게 설치하여, 홍수 시 피해발생 유무 등을 고려할 것

㉣ 식당, 세면장 등에서 사용한 물의 배수가 용이하고 주변환경을 오염시키지 않도록 조치

㉤ 가설시설물의 이용 등으로 인하여 인접 주민들에게 소음 등 민원이 발생하지 않도록 조치

2) 현지 여건조사

① 감리원은 공사시작 후 조속한 시일 내에 공사추진에 지장이 없도록 공사업자와 합동으로 현지조사하여 시공자료로 활용하고 당초 설계내용의 변경이 필요한 경우에는 설계변경 절차에 따라 처리하여야 한다.

② 감리원은 제1항의 현지조사 내용과 설계도서의 공법 등을 검토하여 인근주민 등에 대한 피해발생 가능성이 있을 경우에는 공사업자에게 대책을 강구하도록 하고, 설계변경이 필요한 경우에는 설계변경 절차에 따라 처리하여야 한다.

(5) 인허가 업무 검토

감리원은 공사시공과 관련된 각종 인허가 사항을 포함한 제법규 등을 공사업자로 하여금 준수토록 지도·감독하여야 하며 발주자의 이름으로 득하여야 하는 인허가 사항은 발주자에게 협조 요청토록 한다.

4. 시공감리

(1) 행정업무

1) 일반행정업무

① 감리원은 감리업무 착수 후 빠른 시일 내에 해당공사의 내용, 규모, 감리원 배치인원수 등을 감안하여 각종 행정업무 중에서 최소한의 필요한 행정업무 사항을 발주자와 협의하여 결정하고, 이를 공사업자에게 통보하여야 한다.

② 감리원은 다음 각 호의 서식 중 해당 감리현장에서 감리업무 수행 상 필요한 서식을 비치하고 기록·보관하여야 한다.

- 감리업무일지
- 근무상황판
- 지원업무수행 기록부
- 착수신고서
- 회의 및 협의내용 관리대장

- 문서접수대장
- 문서발송대장
- 교육실적 기록부
- 민원처리부
- 지시부
- 발주자 지시사항 처리부
- 품질관리 검사·확인대장
- 설계변경 현황
- 검사요청서
- 검사체크리스트
- 시공기술자 실명부
- 검사결과 통보서
- 기술검토 의견서
- 주요기자재 검수 및 수불부
- 기성부분 감리조서
- 발생품(잉여자재) 정리부
- 기성부분 검사조서
- 기성부분 검사원
- 준공검사원
- 기성공정내역서
- 기성부분내역서
- 준공검사조서
- 준공감리조서
- 안전관리 점검표
- 사고보고서
- 재해발생 관리부
- 사후환경영향조사 결과보고서

③ 공사업자는 다음 각 호의 서식 중 해당공사현장에서 공사업무 수행 상 필요한 서식을 비치하고 기록·보관하여야 한다.

- 하도급 현황
- 주요인력 및 장비투입 현황
- 작업계획서

- 기자재 공급원 승인현황
- 주간공정계획 및 실적보고서
- 안전관리비 사용실적 현황
- 각종측정기록표

④ 감리원은 다음 각 호에 따른 문서의 기록관리 및 문서수발에 관한 업무를 하여야 한다.

- 감리업무일지는 감리원별 분담업무에 따라 항목별(품질관리, 시공관리, 안전관리, 공정관리, 행정 및 민원 등)로 수행업무의 내용을 육하원칙에 따라 기록하며 공사업자가 작성한 공사일지를 매일 제출받아 확인한 후 보관한다.
- 주요한 현장은 공사 시작 전, 시공 중, 준공 등 공사과정을 알 수 있도록 동일 장소에서 사진을 촬영하여 보관한다.
- 현지조사 보고사항은 그 내용을 구체적으로 작성하여 현장을 답사하지 않고도 현황을 파악할 수 있을 정도로 명확히 기록한다.
- 각종 지시, 통보사항 및 회의내용 등 중요한 사항은 감리원 모두가 숙지하도록 교육 또는 공람시킨다.
- 문서는 성격별로 분류하여 관리하며, 서류가 손실되는 일이 없도록 목차 및 페이지를 기록하여 보관한다.

2) 감리보고 등

① 책임감리원은 감리업무 수행 중 긴급하게 발생되는 사항 또는 불특정하게 발생하는 중요사항에 대하여 발주자에게 수시로 보고하여야 하며, 보고서 작성에 대한 서식은 특별히 정해진 것이 없으므로 보고사안에 따라 보고하여야 한다.

② 책임감리원은 다음 각 호의 사항이 포함된 분기보고서를 작성하여 발주자에게 제출하여야 한다. 보고서는 매 분기말 다음 달 5일 이내로 제출한다.

- 공사추진 현황(공사계획의 개요와 공사추진계획 및 실적, 공정현황, 감리용역현황, 감리조직, 감리원 조치내역 등)
- 감리원 업무일지
- 품질검사 및 관리현황
- 검사요청 및 결과통보내용
- 주요기자재 검사 및 수불내용(주요기자재 검사 및 입·출고가 명시된 수불현황)

- 설계변경 현황
- 그 밖에 책임감리원이 감리에 관하여 중요하다고 인정하는 사항

③ 책임감리원은 다음 각 호의 사항이 포함된 최종감리보고서를 감리기간 종료 후 14일 이내에 발주자에게 제출하여야 한다.

- 공사 및 감리용역 개요 등(사업목적, 공사개요, 감리용역 개요, 설계용역 개요)
- 공사추진 실적현황(기성 및 준공검사 현황, 공종별 추진실적, 설계변경 현황, 공사현장 실정보고 및 처리현황, 지시사항 처리, 주요인력 및 장비 투입현황, 하도급 현황, 감리원 투입현황)
- 품질관리 실적(검사요청 및 결과통보현황, 각종 측정기록 및 조사표, 시험장비 사용현황, 품질관리 및 측정자 현황, 기술검토실적 현황 등)
- 주요기자재 사용실적(기자재 공급원 승인현황, 주요기자재 투입현황, 사용자재 투입현황)
- 안전관리 실적(안전관리조직, 교육실적, 안전점검실적, 안전관리비 사용실적)
- 환경관리 실적(폐기물발생 및 처리실적)
- 종합분석

④ 제1항부터 제3항까지에 따른 분기 및 최종감리보고서는 규칙에 따라 전산프로그램(CD-ROM)으로 제출할 수 있다.

3) 현장 정기교육

감리원은 공사업자에게 현장에 종사하는 시공기술자의 양질시공 의식고취를 위한 다음 각 호와 같은 내용의 현장 정기교육을 해당 현장의 특성에 적합하게 실시하도록 하게 하고, 그 내용을 교육실적 기록부에 기록·비치하여야 한다.

① 관련 법령·전기설비기준, 지침 등의 내용과 공사현황 숙지에 관한 사항

② 감리원과 현장에 종사하는 기술자들의 화합과 협조 및 양질시공을 위한 의식교육

③ 시공결과·분석 및 평가

④ 작업시 유의사항 등

4) 감리원의 의견제시 등

① 감리원은 해당공사와 관련하여 공사업자의 공법 변경요구 등 중요한 기술적인 사항에 대하여 요구한 날부터 7일 이내에 이를 검토하고 의견서를 첨부하

여 발주자에게 보고하여야 하며, 전문성이 요구되는 경우에는 요구가 있는 날부터 14일 이내에 비상주감리의 검토의견서를 첨부하여 발주자에 보고하여야 한다. 이 경우 발주자는 그가 필요하다고 인정하는 때에는 제3자에게 자문을 의뢰할 수 있다.

② 감리원은 시공과 관련하여 검토한 내용에 대하여 스스로 필요하다고 판단될 경우에는 발주자 또는 공사업자에게 그 검토의견을 서면으로 제시할 수 있다.

③ 감리원은 시공 중 예산이 변경되거나 계획이 변경되는 중요한 민원이 발생된 때에는 발주자가 민원처리를 할 수 있도록 검토의견서를 첨부하여 발주자에게 보고하여야 한다.

④ 감리원은 공사와 직접 관련된 경미한 민원처리는 직접처리하여야 하고, 전화 또는 방문민원을 처리함에 있어 민원인과의 대화는 원만하고 성실하게 하여야 하며 공사업자와 협조하여 적극적으로 해결방안을 강구·시행하고 그 내용은 민원처리부에 기록 비치하여야 한다. 다만, 경미한 민원처리 사항 중 중요하다고 판단되는 경우에는 검토의견서를 첨부하여 발주자에게 보고하여야 한다.

⑤ 감리원은 발주자(지원업무수행자)가 민원사항 처리를 위하여 조사와 서류작성의 요구가 있을 때에는 적극 협조하여야 한다.

5) 시공기술자 등의 교체

① 감리원은 공사업자의 시공기술자 등이 제2항 각 호에 해당되어 해당공사현장에 적합하지 않다고 인정되는 경우에는 공사업자 및 시공기술자에게 문서로 시정을 요구하고, 이에 불응하는 때에는 발주자에게 그 실정을 보고하여야 한다.

② 감리원으로부터 시공기술자의 실정보고를 받은 발주자는 지원업무담당자에게 실정 등을 조사·검토하게 하여 교체사유가 인정될 경우에는 공사업자에게 시공기술자의 교체를 요구하여야 한다. 이 경우 교체요구를 받은 공사업자는 특별한 사유가 없으면 신속히 교체요구에 응하여야 한다.

㉠ 시공기술자 및 안전관리자가 관계 법령에 따른 배치기준, 겸직금지, 보수교육 이수 및 품질관리 등의 법규를 위반하였을 때

㉡ 시공관리책임자가 감리원과 발주자의 사전 승낙을 받지 아니하고 정당한 사유 없이 해당공사현장을 이탈한 때

㉢ 시공관리책임자가 고의 또는 과실로 공사를 조잡하게 시공하거나 부실시

공을 하여 일반인에게 위해(危害)를 끼친 때

㉣ 시공관리책임자가 계약에 따른 시공 및 기술능력이 부족하다고 인정되거나 정당한 사유없이 기성공정이 예정공정에 현격히 미달한 때

㉤ 시공관리책임자가 불법 하도급을 하거나 이를 방치하였을 때

㉥ 시공기술자의 기술능력이 부족하여 시공에 차질을 초래하거나 감리원의 정당한 지시에 응하지 아니할 때

㉦ 시공관리책임자가 감리원의 검사·확인 등 승인을 받지 아니하고 후속공정을 진행하거나 정당한 사유 없이 공사를 중단할 때

6) 제3자의 손해방지

① 감리원은 다음 각 호의 공사현장 인근상황을 공사업자에게 충분히 조사하도록 함으로써 시공과 관련하여 제3자에게 손해를 주지 않도록 공사업자에게 대책을 강구하게 하여야 한다.

- 지하매설물
- 인근의 도로
- 교통시설물
- 인접건조물
- 농경지, 산림 등

② 감리원은 시공으로 인하여 지상건조물 및 지하매설물(급·배수관, 가스관, 전선관, 통신케이블 등)에 손해를 끼쳐 제3자에게 손해를 준 경우에는 공사업자 부담으로 즉시 원상 복구하여 민원이 발생되지 않도록 하여야 한다. 또한, 제3자에게 피해보상 문제가 제기되었을 경우에는 감리원은 객관적이고 공정한 판단에 근거한 의견을 제시할 수 있다.

7) 공사업자에 대한 지시 및 수명사항의 처리

① 감리원은 공사업자에게 시공과 관련하여 지시하는 경우에는 다음 각 호와 같이 처리하여야 한다.

㉠ 감리원은 시공과 관련하여 공사업자에게 지시를 하고자 할 경우에는 서면으로 하는 것을 원칙으로 하며, 현장실정에 따라 시급한 경우 또는 경미한 사항에 대하여는 우선 구두지시로 시행하도록 조치하고, 추후에 이를 서면으로 확인하여야 한다.

㉡ 감리원의 지시내용은 해당공사 설계도면 및 설계설명서 등 관계규정에 근거, 구체적으로 기술하여 공사업자가 명확히 이해할 수 있도록 지시하

여야 한다.

㉢ 감리원은 지시사항에 대하여 그 이행상태를 수시로 점검하고 공사업자로부터 이행결과를 보고받아 기록·관리하여야 한다.

② 감리원은 발주자로부터 지시를 받았을 때에는 다음 각 호와 같이 처리하여야 한다.

㉠ 감리원은 발주자로부터 공사와 관련하여 지시를 받았을 경우에는 그 내용을 기록하고 신속히 이행되도록 조치하여야 하며, 그 이행결과를 점검·확인하여 발주자에게 서면으로 조치결과를 보고하여야 한다.

㉡ 감리원은 해당 지시에 대한 이행에 문제가 있을 경우에는 의견을 제시할 수 있다.

㉢ 감리원은 각종지시, 통보사항 등을 감리원 모두가 숙지하고 이행에 철저를 기하기 위하여 교육 또는 공람시켜야 한다.

8) 사진촬영 및 보관

① 감리원은 공사업자에게 촬영일자가 나오는 시공사진을 공종별로 공사 시작 전부터 끝났을 때까지의 공사과정, 공법, 특기사항을 촬영하고 공사내용(시공일자, 위치, 공종, 작업내용 등) 설명서를 기재, 제출하도록 하여 후일 참고자료로 활용하도록 한다. 공사기록사진은 공종별, 공사추진 단계에 따라 다음의 사항을 촬영·정리하도록 하여야 한다.

㉠ 주요한 공사현황은 공사 시작 전, 시공 중, 준공 등 시공과정을 알 수 있도록 가급적 동일장소에서 촬영

㉡ 시공 후 검사가 불가능하거나 곤란한 부분

- 암반선 확인 사진(송·배·변전 접지설비에 해당)
- 매몰, 수중 구조물
- 매몰되는 옥내외 배관 등 광경
- 배전반 주변의 매몰배관 등

② 감리원은 특별히 중요하다고 판단되는 시설물에 대하여는 공사과정을 비디오테이프 등으로 촬영하도록 하여야 한다.

③ 감리원은 제1항과 제2항에 따라 촬영한 사진은 Digital 파일, CD(필요시 촬영한 비디오테이프)을 제출받아 수시 검토·확인할 수 있도록 보관하고 준공시 발주자에게 제출하여야 한다.

(2) 품질관리 관련 감리업무

1) 품질관리 관련 감리업무 일반

① 감리원은 공사업자가 공사계약문서에서 정한 품질관리계획대로 품질에 영향을 미치는 모든 작업을 성실하게 수행하는지 검사·확인 및 관리할 책임이 있다.

② 감리원은 공사업자가 품질관리계획 이행을 위해 제출하는 문서를 검토·확인 후 필요한 경우에는 발주자에게 승인을 요청하여야 한다.

③ 감리원은 품질관리계획이 발주자로부터 승인되기 전까지는 공사업자에게 해당업무를 수행하게 하여서는 아니 된다.

④ 감리원이 품질관리계획과 관련하여 검토·확인하여야 할 문서는 계획서, 절차 및 지침서 등을 말한다.

⑤ 감리원은 공사업자가 작성 제출한 품질관리계획서에 따라 품질관리 업무를 적정하게 수행하였는지 여부를 검사·확인하여야 하며, 검사결과 시정이 필요한 경우에는 공사업자에게 시정을 요구할 수 있으며, 시정을 요구받은 공사업자는 지체없이 시정하여야 한다.

⑥ 감리원은 부실시공으로 인하여 재시공 또는 보완 시공되지 않도록 가급적 품질상태를 수시로 검사·확인하여 부실공사가 사전에 방지되도록 적극 노력하여야 한다.

2) 중점 품질관리

① 감리원은 해당공사의 설계도서, 설계설명서, 공정계획 등을 검토하여 품질관리가 소홀해지기 쉽거나 하자발생 빈도가 높으며 시공 후 시정이 어렵고 많은 노력과 경비가 소요되는 공종 또는 부위를 중점 품질관리 대상으로 선정하여 다른 공종에 비하여 우선적으로 품질관리 상태를 입회, 확인하여야 하며 중점 품질관리 공종 선정 시 고려해야 할 사항은 다음 각 호와 같다.

㉠ 공정계획에 따른 월별, 공종별 시험 종목 및 시험회수

㉡ 공사업자의 품질관리 요원 및 공정에 따른 충원계획

㉢ 품질관리 담당 감리원이 직접 입회, 확인이 가능한 적정시험 회수

㉣ 공정의 특성상 품질관리 상태를 육안 등으로 간접 확인할 수 있는지 여부

㉤ 작업조건의 양호, 불량상태

㉥ 다른 현장의 시공사례에서 하자발생 빈도가 높은 공종인지 여부

㉦ 품질관리 불량부위의 시정이 용이한지 여부

ⓞ 시공 후 지중에 매몰되어 추후 품질확인이 어렵고 재시공이 곤란한지 여부

ⓩ 품질불량 시 인근부위 또는 다른 공종에 미치는 영향의 대소

ⓒ 시공이 광활한 지역에서 이루어져 접근이 용이한지 여부

② 감리원은 선정된 중점 품질관리 공종별로 관리방안을 수립하여 공사업자에게 실행하도록 지시하고 실행결과를 수시로 확인하여야 한다. 중점 품질관리방안 수집 시 다음 각 호의 내용이 포함되어야 한다.

㉠ 중점 품질관리 공종의 선정

㉡ 중점 품질관리 공종별로 시공 중 및 시공 후 발생되는 예상 문제점

㉢ 각 문제점에 대한 대책방안 및 시공지침

㉣ 중점 품질관리 대상 시설물, 시공부분, 하자발생 가능성이 큰 지역 또는 부분을 선정

㉤ 중점 품질관리 대상의 세부관리 항목의 선정

㉥ 중점 품질관리 공종의 품질확인 지침

㉦ 중점 품질관리 대장을 작성, 기록·관리하고 확인하는 절차

③ 감리원은 중점 품질관리 대상으로 선정된 공종은 효율적인 품질관리를 위하여 다음 각 호와 같이 관리하여야 한다.

㉠ 감리원은 중점 품질관리 대상으로 선정된 공종에 대한 관리방안을 수립하여 시행 전에 발주자에게 보고하고 공사업자에게도 통보한다.

㉡ 해당 공종 및 시공부위는 상황판이나 도면 등에 표기하여 업무담당자, 감리원, 공사업자 모두가 항상 숙지하도록 한다.

㉢ 공정계획 시 중점 품질관리 대상 공종이 동시에 여러 개소에서 시공되거나 공휴일, 야간 등 관리가 소홀해질 수 있는 시기에 시공되지 않도록 조정한다.

㉣ 필요시 해당 부위에 "중점 품질관리 공종" 팻말을 설치하고 주의사항을 명기한다.

㉤ 시공 중 감리원은 물론 시공관리책임자가 반드시 입회하도록 한다.

3) 성능시험 계획

① 감리원은 공사업자에게 각 공정마다 준비과정에서부터 작업완료까지의 각 과정마다 품질확보를 위한 수단, 절차 등을 규정한 총체적 품질관리계획서(TQC : Total Quality Control)를 작성·제출하도록 하고 이를 검토·확인하여야 한다.

② 감리원은 해당공사에 사용될 전기기계·기구 및 자재가 규격에 적합한 것이 선정되고 시공시 품질관리가 효과적으로 수행되어 하자발생을 사전에 예방할 수 있도록 품질관리 계획을 다음 각 호와 같이 지도한다.

㉠ 공정계획에 따라 시험종목을 선정하여 공사업자가 적정 품질관리를 할 수 있도록 사전에 지도한다.

㉡ 공인기관에 의뢰시험을 실시해야 할 종목과 현장에서 실시 가능한 종목으로 구분하여 시험계획을 수립하고 의뢰시험의 경우에는 의뢰시험기관을 사전에 선정하여 소요시험기간을 확인하며 현장시험의 경우에는 공정계획에 따라 소요시험장비를 사전에 현장시험실에 비치하도록 한다.

㉢ 각종 시험기록 서식은 해당공사의 특성에 적합하도록 결정하고 공사업자가 공정계획서를 제출할 때에는 품질관리에 필요한 시험요원수와 시험장비 등을 명시한 품질관리계획서를 첨부하도록 하여 효율적인 품질관리가 이루어질 수 있도록 사전 점검한다.

㉣ 공사업자가 품질관리 시험요원의 자격이나 능력을 보유하고 있는지 확인하고 미흡한 부분은 사전에 교육·지도하며, 품질관리에 부적합한 자를 형식적으로 배치하였을 경우에는 교체하도록 한다.

㉤ 1일 공정계획에 따른 품질관리 시험계획서를 접수하면 공종별, 시험 종목별 품질관리 시험요원을 확인하고 중점 품질관리 대상인 경우에는 품질관리 시험이 우선적으로 이루어질 수 있도록 지도한다.

㉥ 공사업자의 품질관리책임자는 책임기술자를 임명하여 품질관리에 대한 책임과 권한이 시공관리책임자와 동등 수준이 되어 실질적인 품질관리가 이루어질 수 있도록 확인한다.

㉦ 발주자는 품질관리시험의 비용과 시험장비 구입손료 등을 공사비에 계상하여야 하며, 누락되었을 경우에는 설계변경 시 반영하도록 한다.

4) 품질관리·검사 요령

① 감리원은 공사업자가 작성·제출한 품질관리계획서에 따라 검사·확인이 실시되는지를 확인하여야 한다.

② 감리원은 품질관리를 위한 검사·확인은 「전기사업법」에 따른 전기설비기술기준 및 「산업표준화법」에 따른 한국산업규격에 따라 실시되는지 확인하여야 한다.

③ 감리원은 발주자 또는 공사업자가 품질검사·확인을 외부 전문기관 등에 대행시키고자 할 때에는 그 적정성 여부를 검토·확인하여야 한다.

5) 검사성과에 관한 확인

감리원은 해당공사의 품질관리를 효율적으로 수행하기 위하여 공정별 검사종목과 측정방법 및 품질관리기준을 숙지하고 공사업자가 제출한 품질관리 검사성과를 확인하여야 하며, 검사성과표를 다음 각 호와 같이 활용하여야 한다.

① 감리원은 공사업자에게 공사의 검사성과표가 준공검사 완료까지 기록·보관되도록 하고 이를 기성검사, 준공검사 등에 활용하여야 한다.

② 감리원은 검사결과 미비점이 발견되거나 불합격으로 판정되어 재검사를 실시하였을 경우에는 당초 검사성과표를 반드시 첨부하고 이를 모두 정비·보관하여야 한다.

③ 발주자는 지형·지세에 따라 달라지는 대지저항율과 접지저항측정 등의 확인·기록 및 입회절차를 생략하고 매몰하는 행위를 발견하였을 때에는 해당부위에 대한 각종 시험 등을 무효로 처리하고 필요시 재시험을 할 수 있으며, 설계도서 및 관계 법령에 적합하게 유지·관리되도록 하여야 한다.

(3) 시공관리 관련 감리업무

감리원은 공사가 설계도서 및 관계규정 등에 적합하게 시공되는지 여부를 확인하고 공사업자가 작성 제출한 시공계획서, 시공상세도의 검토·확인 및 시공단계별 검사, 현장설계변경 여건처리 등의 시공관리업무를 통하여 공사목적물이 소정의 공기 내에 우수한 품질로 완공되도록 철저를 기하여야 한다.

1) 시공계획서의 검토·확인

① 감리원은 공사업자가 작성·제출한 시공계획서를 공사 시작일부터 30일 이내에 제출받아 이를 검토·확인하여 7일 이내에 승인하여 시공하도록 하여야 하고, 시공계획서의 보완이 필요한 경우에는 그 내용과 사유를 문서로서 공사업자에게 통보하여야 한다. 시공계획서에는 시공계획서의 작성기준과 함께 다음 각 호의 내용이 포함되어야 한다.

- 현장조직표
- 공사세부공정표
- 주요공정의 시공절차 및 방법
- 시공일정
- 주요장비 동원계획
- 주요기자재 및 인력투입 계획
- 주요설비

- 품질·안전·환경관리 대책 등

② 감리원은 시공계획서를 공사 착공신고서와 별도로 실제 공사시작 전에 제출받아야 하며, 공사 중 시공계획서에 중요한 내용변경이 발생할 경우에는 그 때마다 변경 시공계획서를 제출받은 후 5일 이내에 검토·확인하여 승인한 후 시공하도록 하여야 한다.

2) 시공상세도 승인

① 감리원은 공사업자로부터 시공상세도를 사전에 제출받아 다음 각 호의 사항을 고려하여 공사업자가 제출한 날부터 7일 이내에 검토·확인하여 승인 한 후 시공할 수 있도록 하여야 한다. 다만, 7일 이내에 검토·확인이 불가능한 때에는 사유 등을 명시하여 통보하고, 통보사항이 없는 때에는 승인한 것으로 본다.

- 설계도면, 설계설명서 또는 관계규정에 일치하는지 여부
- 현장의 시공기술자가 명확하게 이해할 수 있는지 여부
- 실제시공 가능 여부
- 안정성의 확보 여부
- 계산의 정확성
- 제도의 품질 및 선명성, 도면작성 표준에 일치 여부
- 도면으로 표시 곤란한 내용은 시공시 유의사항으로 작성되었는지 등의 검토

② 시공상세도는 설계도면 및 설계설명서 등에 불명확한 부분을 명확하게 해줌으로써 시공 상의 착오방지 및 공사의 품질을 확보하기 위한 수단으로 다음 각 호의 사항에 대한 것과 공사 설계설명서에서 작성하도록 명시한 시공상세도에 대하여 작성하였는지를 확인한다. 다만, 발주자가 특별 설계설명서에 명시한 사항과 공사 조건에 따라 감리원과 공사업자가 필요한 시공상세도를 조정 할 수 있다.

- 시설물의 연결·이음부분의 시공 상세도
- 매몰시설물의 처리도
- 주요기기 설치도
- 규격, 치수 등이 불명확하여 시공에 어려움이 예상되는 부위의 각종 상세도면

③ 공사업자는 감리원이 시공 상 필요하다고 인정하는 경우에는 시공상세도를 제출하여야 하며, 감리원이 시공상세도(Shop Drawing)를 검토·확인하여 승

인할 때까지 시공을 해서는 아니 된다.

3) 금일 작업실적 및 계획서의 검토·확인

① 감리원은 공사업자로부터 명일 작업계획서를 제출받아 공사업자와 그 시행상의 가능성 및 각자가 수행하여야 할 사항을 협의하여야 하고 명일 작업계획의 공종 및 위치에 따라 감리원의 배치, 감리시간 등의 일일 감리업무 수행을 검토·확인하고 이를 감리일지에 기록하여야 한다.

② 감리원은 공사업자로부터 금일 작업실적이 포함된 공사업자의 공사일지 또는 작업일지 사본(공사업자 자체양식)을 제출받아 계획대로 작업이 추진되었는지 여부를 확인하고 금일 작업실적과 사용자재량, 품질관리 시험회수 및 성과 등이 서로 일치하는지 여부를 검토·확인하고 이를 감리일지에 기록하여야 한다.

4) 시공확인

감리원은 다음 각 호의 시공 확인업무를 수행하여야 한다.

① 공사목적물을 제조, 조립, 설치하는 시공과정에서 가설시설물공사와 영구시설물공사의 모든 작업단계의 시공상태 확인

② 시공·확인하여야 할 구체적인 사항은 해당공사의 설계도면, 설계설명서 및 관계규정에 정한 공종을 반드시 확인

③ 공사업자가 측량하여 말뚝 등으로 표시한 시설물의 배치 위치를 공사업자로부터 제출받아 시설물의 위치, 표고, 치수의 정확도 확인

④ 수중 또는 지하에서 수행하는 시공이나 외부에서 확인하기 곤란한 시공에는 반드시 검사하여 시공 당시 상세한 경과기록 및 사진촬영 등의 방법으로 그 시공내용을 명확히 입증할 수 있는 자료를 작성하여 비치하고, 발주자 등의 요구가 있을 때에는 제시

5) 검사업무

① 감리원은 다음 각 호의 검사업무 수행 기본방향에 따라 검사업무를 수행하여야 한다.

㉠ 감리원은 현장에서의 시공확인을 위한 검사는 해당공사와 현장조건을 감안한 "검사업무지침"을 현장별로 작성·수립하여 발주자의 승인을 받은 후 이를 근거로 검사업무를 수행함을 원칙으로 한다. 검사업무지침은 검사하여야 할 세부공종, 검사절차, 검사시기 또는 검사빈도, 검사 체크리스트 등의 내용을 포함하여야 한다.

㉡ 수립된 검사업무지침은 모든 시공 관련자에게 배포하고 주지시켜야 하며, 보다 확실한 이행을 위하여 교육한다.

㉢ 현장에서의 검사는 체크리스트를 사용하여 수행하고, 그 결과를 검사 체크리스트에 기록한 후 공사업자에게 통보하여 후속 공정의 승인여부와 지적사항을 명확히 전달한다.

㉣ 검사 체크리스트에는 검사항목에 대한 시공기준 또는 합격기준을 기재하여 검사결과의 합격여부를 합리적으로 신속 판정한다.

㉤ 단계적인 검사로는 현장 확인이 곤란한 공종은 시공 중 감리원의 계속적인 입회·확인으로 시행한다.

㉥ 공사업자가 검사요청서를 제출할 때 시공기술자 실명부가 첨부되었는지를 확인한다.

㉦ 공사업자가 요청한 검사일에 감리원이 정당한 사유없이 검사를 하지 않는 경우에는 공정추진에 지장이 없도록 요청한 날 이전 또는 휴일 검사를 하여야 하며 이때 발생하는 감리대가는 감리업자가 부담한다.

② 감리원은 다음 각 호의 사항이 유지될 수 있도록 검사 체크리스트를 작성하여야 한다.

㉠ 체계적이고 객관성 있는 현장 확인과 승인

㉡ 부주의, 착오, 미확인에 따른 실수를 사전예방하여 충실한 현장 확인업무 유도

㉢ 확인·검사의 표준화로 현장의 시공기술자에게 작업의 기준 및 주안점을 정확히 주지시켜 품질향상을 도모

㉣ 객관적이고 명확한 검사결과를 공사업자에게 제시하여 현장에서의 불필요한 시비를 방지하는 등의 효율적인 확인·검사업무 도모

③ 감리원은 다음 각 호의 검사절차에 따라 검사업무를 수행하여야 한다.

㉠ 검사 체크리스트에 따른 검사는 1차적으로 시공관리책임자가 검사하여 합격된 것을 확인한 후 그 확인한 검사 체크리스트를 첨부하여 검사 요청서를 감리원에게 제출하면 감리원은 1차 점검내용을 검토한 후, 현장 확인검사를 실시하고 검사결과 통보서를 시공관리책임자에게 통보한다.

㉡ 검사결과 불합격인 경우에는 그 불합격된 내용을 공사업자가 명확히 이해할 수 있도록 상세하게 불합격 내용을 첨부하여 통보하고, 보완시공 후 재검사를 받도록 조치한 후 감리일지와 감리보고서에 반드시 기록하고 공사업자가 재검사를 요청할 때에는 잘못 시공한 시공기술자의 서명을 받아 그 명단을 첨부하도록 하여야 한다.

그림 2-1 검사절차

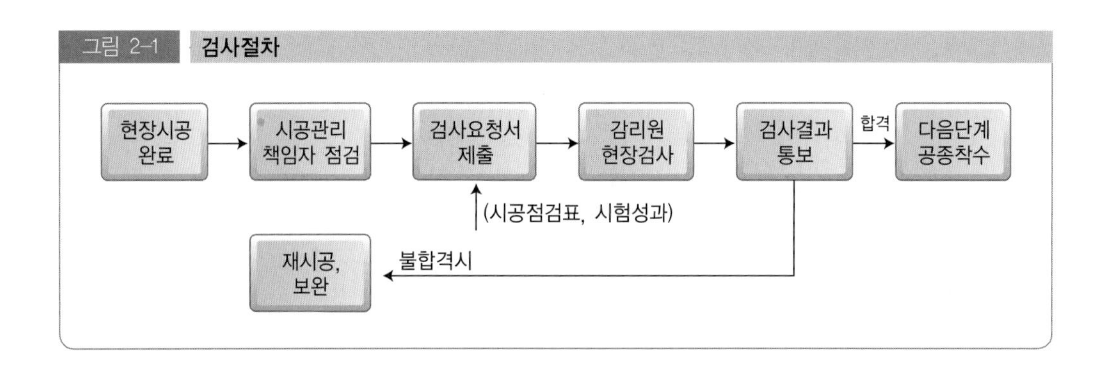

④ 감리원은 검사할 검사항목(Check Point)을 계약설계도면, 설계설명서, 기술기준, 지침 등의 관련 규정을 기준으로 작성하며 공사 목적물을 소정의 규격과 품질로 완성하는데 필수적인 사항을 포함하여 검사항목을 결정하여야 한다.

⑤ 감리원은 시공계획서에 따른 일정단계의 작업이 완료되면 공사업자로부터 검사 요청서를 제출받아 그 시공상태를 확인·검사하는 것을 원칙으로 하고, 가능한 한 공사의 효율적인 추진을 위하여 시공과정에서 수시 입회하여 확인·검사하도록 한다.

⑥ 감리원은 검사할 세부공종과 시기를 작업 단계별로 정확히 파악하여 검사를 수행하여야 한다.

6) 특수공법 검토

감리원은 특수한 공법이 적용되는 경우의 기술검토 및 시공상 문제점 등을 검토할 때마다 비상주감리원 등을 활용하고, 필요시 발주자와 협의하여 외부 전문가의 자문을 받아 검토의견을 제시할 수 있으며 특수한 공종에 대하여 외부 전문가의 감리 참여가 필요하다고 판단될 경우에는 발주자와 협의하여 조치할 수 있다.

7) 기술검토 의견서

① 감리원은 시공 중 발생되는 기술적 문제점, 설계변경사항, 공사계획 및 공법 변경 문제, 설계도면과 설계설명서 상호 간의 차이, 모순 등의 문제점, 그 밖에 공사업자가 시공 중 당면하는 문제점 및 발주자가 해당공사의 기술검토를 요청한 사항에 대하여 현지실정을 충분히 조사, 검토, 분석하여 공사업자가 공사를 원활히 수행할 수 있는 해결방안을 제시하여야 한다.

② 기술검토는 반드시 기술검토서를 작성·제출하여야 하고 상세 기술검토 내역 또는 근거가 첨부되어야 한다.

8) 주요 기자재 공급원의 검토·승인

① 감리원은 공사업자에게 공정계획에 따라 사전에 주요기자재(KS의무화 품목 등) 공급원 승인신청서를 기자재 반입 7일 전까지 제출하도록 하여야 한다. 다만, 관련 법령에 따라 품질검사를 받았거나, 품질을 인정받은 기자재에 대하여는 예외로 한다.

② 감리원은 시험성적서가 품질기준을 만족하는지 여부를 확인하고 품명, 공급원, 납품실적 등을 고려하여 적합한 것으로 판단될 경우에는 주요기자재 공급승인 요청서를 제출받은 날부터 7일 이내에 검토하여 승인하여야 한다.

③ 감리원은 공사업자에게 KS마크가 표시된 양질의 기자재를 선정하도록 감리하여야 한다.

④ 감리원은 주요기자재 공급원 승인 후에도 반입 사용자재에 대한 품질관리시험 및 품질변화여부 등에 대하여도 수시로 확인하여야 한다.

⑤ 감리원은 주요기자재 공급승인 요청서를 공사업자로부터 제출받을 때 주요기자재에 대하여는 생산중지 등 부득이한 경우에 대처할 수 있도록 대책을 마련할 것을 지시하여야 한다.

⑥ 감리원은 주요기자재 공급승인 요청서에 다음 각 호의 관계서류를 첨부하도록 하여야 한다.

- 품질시험 대행 국·공립시험기관의 시험성과
- 납품실적 증명
- 시험성과 대비표

시험항목	시방기준	시험성과	판정, 비고

9) 주요기자재 및 지급자재의 검수 및 관리

① 감리원은 공사업자에게 공정계획에 따라 사전에 주요기자재 수급계획을 수립하여 기자재가 적기에 현장에 반입되도록 검토하고, 지급기자재의 수급계획에 대하여는 발주자에 보고하여 기자재의 수급차질에 따른 공정지연이 발생하지 않도록 하여야 한다.

② 감리원은 주요기자재 수급계획이 공정계획과 부합되는지 확인하고 미비점이 있으면 공사업자에게 계획을 수정하도록 하여야 한다.

③ 감리원은 공사 목적물을 구성하는 주요기기, 설비, 제조품, 자재 등의 주요

기자재가 공급원 승인을 받은 후 현장에 반입되면 공사업자로부터 송장 사본을 접수함과 동시에 반입된 기자재를 검수하고, 그 결과를 검수부에 기록·비치하여야 한다.

④ 감리원은 계약 품질조건과의 일치여부를 확인하는 기자재 검수를 할 때에 규격, 성능, 수량뿐만 아니라 반드시 품질의 변질여부를 확인하여야 하고, 변질되었을 때에는 즉시 현장에서 반출하도록 하고 반출여부를 확인하여야 하며 의심스러운 것은 별도 보관하도록 한 후 품질시험 결과에 따라 검수여부를 확정하여야 한다.

⑤ 감리원은 공사업자에게 현장에 반입된 기자재가 도난 및 우천에 따른 훼손 또는 유실되지 않게 품목별, 규격별로 관리·저장하도록 하여야 하고 공사현장에 반입된 검수기자재 또는 시험합격 기자재는 공사업자 임의로 공사현장 이외로 반출하지 못하도록 하여야 하고 주요기자재 검수 및 수불부에 기록·관리하여야 한다.

⑥ 감리원은 수급 요청한 기자재가 배정되면 납품지시서에 기록된 품명, 수량, 인도장소 등을 확인하고, 공사업자에게 인수 준비 후 인수하도록 하여야 한다.

⑦ 감리원은 현장에서 품질시험·검사를 실시할 수 없는 기자재는 공사업자와 공동입회하여 생산공장에서 시험·검사를 실시하거나 의뢰시험을 요청하여 시험결과를 사전에 검토하여 품질을 확인하여야 한다.

⑧ 감리원은 기자재가 현장에 반입되면 송장 또는 납품서를 확인하고 수량, 규격, 외관상태 등을 검사하며, 주요기자재 운반차량의 송장을 확인하여 과적차량으로 확인되면 반입을 금지시켜야 한다.

⑨ 감리원은 지급기자재의 현장 반입검사 이후 이의 제기 등을 예방하기 위하여 공사업자가 검사에 입회하도록 한다.

⑩ 감리원은 지급기자재에 대한 검수조서를 작성할 때에는 공사업자가 입회하여 날인하도록 하고, 검수조서는 발주자에게 보고하여야 한다.

⑪ 공사업자는 현지사정에 따라 지급기자재가 적기에 공급되지 못하여 공사 추진에 지장이 발생한 경우에는 대체사용요청을 할 수 있다.

⑫ 감리원은 공정계획, 공기 등을 감안하여 공사업자의 요청으로 대체사용이 불가피하다고 판단될 경우에는 발주자의 승인을 받은 후 허용하도록 한다.

⑬ 감리원은 대체사용기자재에 대하여도 품질, 규격 등을 확인하고 검수를 해야 한다.

⑭ 감리원은 잉여지급 기자재가 발생하였을 때에는 품명, 수량 등을 조사하여 발주자에게 보고하여야 하며, 공사업자에게 지정장소에 반납하도록 하여야 한다.

10) 지장물 등 철거확인

① 감리원은 기존시설물을 철거할 때에는 공사업자에게 철거품목의 규격·수량 등을 조사하도록 하고, 철거 전·후의 광경사진도 촬영(동일지점)하도록 하여 조사내역과 사진을 제출받아 확인·검토하여 필요시 발주자에게 보고하여야 한다.

② 감리원은 공사 중에 지하매설물 등 새로운 지장물을 발견하였을 때에는 공사업자로부터 상세한 내용이 포함된 지장물 조서를 제출받아 이를 확인한 후 발주자에게 조속히 보고하여야 한다.

11) 현장상황 보고

① 감리원은 시공 중 불가항력적인 재해의 발생, 시공 중단의 필요성 등 감리원의 권한에 속하지 않는 사태가 발생될 경우에는 육하원칙에 따라 검토의견을 첨부하여 발주자에게 현장상황을 신속히 보고하고 그 지시에 따라야 한다.

② 감리원은 공사현장에 다음 각 호의 사태가 발생하였을 때에는 필요한 응급조치를 취하는 동시에 상세한 경위를 발주자에게 보고하여야 한다.

㉠ 천재지변 등의 사유로 공사현장에 피해가 발생하였을 때

㉡ 시공관리책임자가 승인없이 2일 이상 현장에 상주하지 않을 때

㉢ 공사업자가 정당한 사유없이 공사를 중단할 때

㉣ 공사업자가 계약에 따른 시공능력이 없다고 인정되거나 공정이 현저히 미달될 때

㉤ 공사업자가 불법하도급 행위를 할 때

㉥ 그 밖에 공사추진에 지장이 있을 때

12) 감리원의 공사 중지명령 등

① 법 제13조에 따라 감리원은 공사업자가 공사의 설계도서, 설계설명서 그 밖에 관계서류의 내용과 적합하지 아니하게 시공하는 경우에는 재시공 또는 공사 중지명령이나 그 밖에 필요한 조치를 할 수 있다.

② 제1항에 따라 감리원으로부터 재시공 또는 공사 중지명령 그 밖에 필요한 조

치에 대한 지시를 받은 공사업자는 특별한 사유가 없으면 이에 응하여야 한다.

③ 감리원이 공사업자에게 재시공 또는 공사 중지명령 그 밖에 필요한 조치를 취한 때에는 발주자에게 보고하여야 한다. 다만, 경미한 시정사항 및 재시공은 보고를 생략할 수 있다.

④ 발주자는 감리원으로부터 제3항에 따른 재시공 또는 공사 중지명령 그 밖에 필요한 조치에 관한 보고를 받은 때에는 이를 검토한 후 시정여부의 확인, 공사 재개지시 등 필요한 조치를 하여야 한다.

⑤ 감리원은 제1항에 따른 재시공 또는 공사 중지명령을 하였을 경우에는 발주자가 공사중지 사유가 해소되었다고 판단되어 공사재개를 지시할 때에는 특별한 사유가 없으면 이에 응하여야 한다.

⑥ 발주자는 제1항에 따른 감리원의 공사 중지명령 등의 조치를 이유로 감리원 등의 변경, 현장상주의 거부, 감리대가 지급의 거부·지체 등 감리원에게 불이익한 처분을 하여서는 아니 된다.

⑦ 공사중지 및 재시공 지시 등의 적용한계는 다음 각 호와 같다.

㉠ 재시공 : 시공된 공사가 품질확보 미흡 또는 위해를 발생시킬 우려가 있다고 판단되거나, 감리원의 확인·검사에 대한 승인을 받지 아니하고 후속공정을 진행한 경우와 관계규정에 맞지 아니하게 시공한 경우

㉡ 공사중지 : 시공된 공사가 품질확보 미흡 또는 중대한 위해를 발생시킬 우려가 있다고 판단되거나, 안전상 중대한 위험이 발견된 경우에는 공사중지를 지시할 수 있으며 공사중지는 부분중지와 전면중지로 구분한다.

ⓐ 부분중지

- 재시공 지시가 이행되지 않는 상태에서는 다음 단계의 공정이 진행됨으로써 하자발생이 될 수 있다고 판단될 때
- 안전시공상 중대한 위험이 예상되어 물적, 인적 중대한 피해가 예견될 때
- 동일 공정에 있어 3회 이상 시정지시가 이행되지 않을 때
- 동일 공정에 있어 2회 이상 경고가 있었음에도 이행되지 않을 때

ⓑ 전면중지

- 공사업자가 고의로 공사의 추진을 지연시키거나, 공사의 부실발생 우려가 짙은 상황에서 적절한 조치를 취하지 않은 채 공사를 계속 진행하는 경우

- 부분중지가 이행되지 않음으로써 전체공정에 영향을 끼칠 것으로 판단될 때
- 지진·해일·폭풍 등 불가항력적인 사태가 발생하여 시공을 계속할 수 없다고 판단될 때
- 천재지변 등으로 발주자의 지시가 있을 때

⑧ 감리원은 공사업자가 재시공, 공사 중지명령 등에 대한 필요한 조치를 이행하지 아니한 때에는 법 제13조에 따라 공사업자에 대한 제재조치를 취하도록 발주자에게 요구하여야 한다.

13) 공사현장 정리

① 감리원은 공사현장이 항상 깨끗이 정리 정돈되어 효율적인 시공관리가 되도록 수시로 현장을 확인·점검하여야 한다.

② 시공이 완료되었을 때에는 준공 전에 공사업자에게 공사용 가설시설물의 철거, 잉여자재 반출 등 현장을 정리하도록 감리하여야 한다.

(4) 공정관리 관련 감리업무

1) 공정관리

① 감리원은 해당공사가 정해진 공기 내에 설계설명서, 도면 등에 따라 우수한 품질을 갖추어 완성될 수 있도록 공정관리의 계획수립, 운영, 평가에 있어서 공정진척도 관리와 기성관리가 동일한 기준으로 이루어질 수 있도록 감리하여야 한다.

② 감리원은 공사 시작일부터 30일 이내에 공사업자로부터 공정관리 계획서를 제출받아 제출받은 날부터 14일 이내에 검토하여 승인하고 발주자에게 제출하여야 하며 다음 각 호의 사항을 검토·확인하여야 한다.

㉠ 공사업자의 공정관리 기법이 공사의 규모, 특성에 적합한지 여부

㉡ 계약서, 설계설명서 등에 공정관리 기법이 명시되어 있는 경우에는 명시된 공정관리 기법으로 시행되도록 감리

㉢ 계약서, 설계설명서 등에 공정관리 기법이 명시되어 있지 않을 경우, 단순한 공종 및 보통의 공종공사인 경우에는 공사조건에 적합한 공정관리 기법을 적용하도록 하고, 복잡한 공종의 공사 또는 감리원이 PERT/CPM 이론을 기본으로 한 공정관리가 필요하다고 판단하는 경우에는 별도의 PERT/CPM 기법에 의한 공정관리를 적용하도록 조치

㉣ 특수한 현장여건으로 전산공정관리 등이 필요하다고 판단되는 경우에는 발주자에게 별도의 공정관리를 시행하도록 건의

㉤ 감리원은 일정관리와 원가관리, 진도관리가 병행될 수 있는 종합관리 형태의 공정관리가 되도록 조치

③ 감리원은 공사의 규모, 공종 등 제반여건을 감안하여 공사업자가 공정관리 업무를 성공적으로 수행할 수 있는 공정관리 조직을 갖추도록 다음 각 호의 사항을 검토·확인하여야 한다.

- 공정관리 요원 자격 및 그 요원 수의 적합 여부
- Software와 Hardware 규격 및 그 수량의 적합 여부
- 보고체계의 적합성 여부
- 계약공기의 준수 여부
- 각 공종별 작업공기에 품질·안전관리가 고려되었는지 여부
- 지정휴일과 기상조건 감안 여부
- 자원조달 여부
- 공사주변의 여건 및 법적제약조건 감안 여부
- 주공정의 적합 여부
- 동원 가능한 장비, 그 밖의 부대설비 및 그 성능 감안 여부
- 동원 가능한 작업인원과 작업자의 숙련도 감안 여부
- 특수장비 동원을 위한 준비기간의 반영 여부
- 그 밖에 필요하다고 판단되는 사항

2) 공사진도 관리

① 감리원은 공사업자로부터 전체 실시공정표에 따른 월간, 주간 상세공정표를 사전에 제출받아 검토·확인하여야 한다.

1. 월간 상세공정표 : 작업 착수 7일 전 제출
2. 주간 상세공정표 : 작업 착수 4일 전 제출

② 감리원은 매주 또는 매월 정기적으로 공사진도를 확인하여 예정공정과 실시공정을 비교하여 공사의 부진 여부를 검토한다.

③ 감리원은 현장여건, 기상조건, 지장물 이설 등에 따른 관련 기관 협의사항이 정상적으로 추진되는지를 검토·확인하여야 한다.

④ 감리원은 공정진척도 현황을 최근 1주일 전의 자료가 유지될 수 있도록 관리하고 공정지연을 방지하기 위하여 주 공정 중심의 일정관리가 될 수 있도록 공사업자를 감리하여야 한다.

⑤ 감리원은 주간 단위의 공정계획 및 실적을 공사업자로부터 제출받아 검토·확인하고, 필요한 경우에는 공사업자의 시공관리책임자를 포함한 관계 직원 합동으로 금주작업에 대한 실적을 분석·평가하고, 공사추진에 지장을 초래하는 문제점, 잘못 시공된 부분의 지적 및 재시공 등의 지시와 재발방지대책, 공정진도의 평가, 그 밖에 공사추진 상 필요한 내용의 협의를 위한 주간 또는 월간 공사 추진회의를 개최하고 그 회의록을 관리하여야 한다.

3) 부진공정 만회대책

① 감리원은 공사 진도율이 계획공정 대비 월간 공정실적이 10% 이상 지연되거나, 누계공정 실적이 5% 이상 지연될 때에는 공사업자에게 부진사유 분석, 만회대책 및 만회공정표를 수립하여 제출하도록 지시하여야 한다.

② 감리원은 공사업자가 제출한 부진공정 만회대책을 검토·확인하고, 그 이행상태를 주간단위로 점검·평가하여야 하며, 공사추진회의 등을 통하여 미 조치 내용에 대한 필요대책 등을 수립하여 정상 공정으로 회복할 수 있도록 조치하여야 한다.

③ 감리원은 검토·확인한 부진공정 만회대책과 그 이행상태의 점검·평가결과를 감리보고서에 수록하여 발주자에게 보고하여야 한다.

4) 수정 공정계획

① 감리원은 설계변경 등으로 인한 물공급량의 증감, 공법변경, 공사 중 재해, 천재지변 등 불가항력에 따른 공사중지, 지급자재 공급지연 등으로 인하여 공사진척 실적이 지속적으로 부진할 경우에는 공정계획을 재검토하여 수정 공정 계획수립의 필요성을 검토하여야 한다.

② 감리원은 공사업자의 요청 또는 감리원의 판단에 따라 수정공정 계획을 수립할 경우에는 공사업자로부터 수정 공정계획을 제출받아 제출일부터 7일 이내에 검토하여 승인하고 발주자에게 보고하여야 한다.

③ 감리원은 수정 공정계획을 검토할 때에는 수정목표 종료일이 당초 계약종료일을 초과하지 않도록 조치하여야 하며, 초과할 경우에는 그 사유를 분석하여 감리원의 검토안을 작성하고 필요 시 수정 공정계획과 함께 발주자에게 보고하여야 한다.

5) 공정보고 등

① 감리원은 주간 및 월간단위의 공정현황을 공사업자로부터 제출받아 검토·확인하여야 한다.

② 감리원은 공정현황을 분기감리보고서에 포함하여 발주자에게 보고하여야 한다.

③ 감리원은 공사업자가 준공기한 연기를 요청할 경우에는 타당성을 검토·확인하고 검토의견서를 첨부하여 발주자에게 보고하여야 한다.

(5) 안전관리 관련 감리업무

1) 안전관리

① 감리원은 공사의 안전시공을 위해서 안전조직을 갖추도록 하고 안전조직은 현장규모와 작업내용에 따라 구성하며 동시에 「산업안전보건법」에 명시된 업무가 수행되도록 조직을 편성하여야 한다.

② 책임감리원은 소속직원 중 안전담당자를 지정하여 공사업자의 안전관리자를 지도·감독하도록 하여야 하며, 공사전반에 대한 안전관리계획의 사전검토, 실시확인 및 평가, 자료의 기록유지 등 사고예방을 위한 제반 안전관리업무에 대하여 확인을 하도록 하여야 한다.

③ 감리원은 공사업자에게 공사현장에 배치된 소속직원 중에서 안전보건관리책임자(시공관리책임자)와 안전관리자(법정자격자)를 지정하게 하여 현장의 전반적인 안전·보건문제를 책임지고 추진하도록 하여야 한다.

④ 감리원은 공사업자에게 「근로기준법」, 「산업안전보건법」, 「산업재해보험법」 및 그 밖의 관계 법규를 준수하도록 하여야 한다.

⑤ 감리원은 산업재해 예방을 위한 제반 안전관리 지도에 적극적인 노력과 동시에 안전 관계 법규를 이행하도록 하기 위하여 다음 각 호와 같은 업무를 수행하여야 한다.

- 공사업자의 안전조직 편성 및 임무의 법상 구비조건 충족 및 실질적인 활동 가능성 검토
- 안전관리자에 대한 임무수행 능력보유 및 권한부여 검토
- 시공계획과 연계된 안전계획의 수립 및 그 내용의 실효성 검토
- 유해, 위험 방지계획(수립 대상에 한함) 내용 및 실천가능성 검토 (「산업안전보건법」 제48조제3항 및 제4항)
- 안전점검 및 안전교육 계획의 수립 여부와 내용의 적정성 검토 (「산업안전보건법」 제31조 및 제32조)
- 안전관리 예산 편성 및 집행계획의 적정성 검토
- 현장 안전관리규정의 비치 및 그 내용의 적정성 검토

- 표준 안전관리비는 다른 용도에 사용불가
- 감리원이 공사업자에게 시공과정마다 발생될 수 있는 안전사고 요소를 도출하고 이를 방지할 수 있는 절차, 수단 등을 규정한 "총체적 안전관리 계획서(TSC : Total Safety Control)"를 작성, 활용하도록 적극 권장하여야 한다.
- 안전관리계획의 이행 및 여건 변동 시 계획변경 여부
- 안전보건협의회 구성 및 운영상태
- 안전점검 계획수립 및 실시(일일, 주간, 우기 및 해빙기 등 자체 안전점검 등)
- 안전교육계획의 실시
- 위험장소 및 작업에 대한 안전조치 이행(고소작업, 추락위험작업, 낙하비래 위험작업, 중량물 취급작업, 화재위험 작업, 그 밖의 위험작업 등)
- 안전표지 부착 및 유지관리
- 안전통로 확보, 기자재의 적치 및 정리정돈
- 사고조사 및 원인분석, 각종 통계자료 유지
- 월간 안전관리비 사용실적 확인

⑥ 감리원은 안전에 관한 감리업무를 수행하기 위하여 공사업자에게 다음 각 호의 자료를 기록·유지하도록 하고 이행상태를 점검한다.
- 안전업무일지(일일보고)
- 안전점검 실시(안전업무일지에 포함가능)
- 안전교육(안전업무일지에 포함가능)
- 각종 사고보고
- 월간 안전통계(무재해, 사고)
- 안전관리비 사용실적(월별)

⑦ 감리원은 공사업자가 작성·제출하여 확인한 안전관리계획의 내용에 따라 안전조치·점검 등을 이행했는지 여부를 확인하고, 미 이행 시 공사업자에게 안전조치·점검 등을 선행한 후 시공하게 하여야 한다.

⑧ 감리원은 공사업자가 자체 안전점검을 매일 실시하였는지 여부를 확인하여야 하며, 안전점검 전문기관에 의뢰하여 정기 및 정밀안전점검을 하는 때에는 입회하여 적정한 안전점검이 이루어지는지를 확인하여야 한다.

⑨ 감리원은 정기 및 정밀안전점검 결과를 공사업자로부터 제출받아 검토하여 발주자에게 보고하고, 발주자의 지시에 따라 공사업자에게 필요한 조치를

하여야 한다.

⑩ 감리원은 공사업자의 안전관리책임자 및 안전관리자로 하여금 현장 기술자에게 다음 각 호의 내용과 자료가 포함된 안전교육을 실시하도록 지도·감독하여야 한다.
- 산업재해에 관한 통계 및 정보
- 작업자의 자질에 관한 사항
- 안전관리조직에 관한 사항
- 안전제도, 기준 및 절차에 관한 사항
- 작업공정에 관한 사항
- 「산업안전보건법」 등 관계 법규에 관한 사항
- 작업환경관리 및 안전작업 방법
- 현장안전 개선방법
- 안전관리 기법
- 이상 발견 및 사고발생시 처리방법
- 안전점검 지도요령과 사고조사 분석요령

2) 안전관리결과 보고서의 검토

감리원은 매 분기마다 공사업자로부터 안전관리 결과보고서를 제출받아 이를 검토하고 미비한 사항이 있을 때에는 시정하도록 조치하여야 하며, 안전관리결과보고서에는 다음 각 호와 같은 서류가 포함되어야 한다.
- 안전관리 조직표
- 안전보건 관리체제
- 재해발생 현황
- 산재요양신청서 사본
- 안전교육 실적표
- 그 밖에 필요한 서류

3) 사고처리

감리원은 현장에서 사고가 발생하였을 경우에는 공사업자에게 즉시 필요한 응급조치를 취하도록 하고, 그에 대한 상세한 경위 및 검토의견서를 첨부하여 지체 없이 발주자에게 보고하여야 한다.

(6) 환경관리 관련 감리업무

① 감리원은 공사업자에게 시공으로 인한 재해를 예방하고 자연환경, 생활환경, 사회·경제 환경을 적정하게 관리·보전함으로써 현재와 장래의 모든 국민이 건강하고 쾌적한 환경에서 생활할 수 있도록 「환경영향평가법」에 따른 환경영향평가 내용과 이에 대한 협의내용을 충실히 이행하도록 하여야 하고, 다음과 같이 조직을 편성하여 그 의무를 수행하도록 지도·감독하여야 한다.

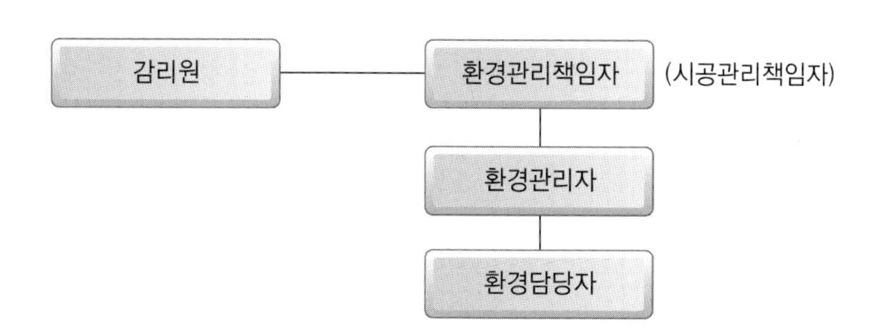

② 감리원은 공사업자에게 환경관리책임자를 지정하게 하여 환경관리계획과 대책 등을 수립하게 하여야 하며, 예산의 조치와 환경관리자, 환경담당자를 임명하도록 하여 그들에게 환경관리업무를 책임지고 추진하게 하여야 한다.

③ 감리원은 공사업자에게 「환경영향평가법」에 따른 협의내용과 관리책임자 지정서를 제출받아 검토한 후 발주자에게 보고하여야 한다.

④ 감리원은 해당공사에 대한 환경영향평가보고서 및 협의내용을 근거로 환경관리계획서가 수립되었는지 검토·확인하여야 한다.

㉠ 공사업자의 환경관리 조직편성 및 임무의 법적 구비조건 충족 및 실질적인 활동 가능성 검토

㉡ 환경영향평가 협의 내용에 대한 관리계획의 실효성 검토

㉢ 환경영향 저감대책 및 공사 중, 공사 후 현장관리계획서의 적정성 검토

㉣ 환경관리자의 업무수행 능력 및 권한 여부 검토

㉤ 환경전문가 자문사항에 대한 검토

㉥ 환경관리 예산편성 및 집행계획의 적정성 검토

⑤ 감리원은 사후 환경관리 계획에 따른 공사현장에 적합한 관리가 되도록 다음 각 호의 내용과 같이 감리하여야 한다.

㉠ 공사업자에게 환경영향평가서 내용을 검토하게 하여 현장실정에 적합한 저감대책을 수립하도록 하고, 시공단계별 관리계획서를 수립, 관리하도록 지시

㉡ 공사업자에게 환경관리계획서를 숙지하게 하여 검사할 때에는 지적사항이 없도록 철저히 이행하도록 하여야 하며, 특히 중점관리대상지역을 선정하여 관리하도록 지시

㉢ 공사업자에게 항목별 시공 전·후 사진촬영 및 위치도를 작성하여 협의내용 관리대장에 기록하도록 하고 감리원의 확인을 받도록 지시

㉣ 공사업자에게 환경관리에 대한 일일점검 및 평가를 실시하고 (문제점 토의 및 시정) 점검사항에 대하여는 매주 정리하여 환경영향 조사결과서에 기록하여 감리원의 확인을 받도록 지시

㉤ 공사업자에게 공종별 시공이 완료된 때에는 환경영향평가 협의내용 이행상태 및 그 밖에 환경관리 이행현황을 사후환경영향조사 결과보고서에 기록하여 감리원의 확인을 받은 후 다음 단계의 공사를 추진하도록 지시

㉥ 공사업자에게 관할 지방행정관청의 환경관리 상태 점검을 받을 때에는 감리원과 함께 수검하도록 지시

⑥ 감리원은 「환경영향평가법」에 따라 협의내용 이행의무 및 협의내용을 기재한 관리대장을 비치하도록 하고, 감리원은 기록사항이 사실대로 작성 이행되는지를 점검하여야 한다.

⑦ 감리원은 「환경영향평가법」에 따른 환경영향 조사결과를 조사기간이 만료된 날부터 30일 이내(다만, 조사기간이 1년 이상인 경우에는 매 연도별 조사결과를 다음 해 1월 31일까지 통보 하여야 함)에 지방환경청장 및 승인기관의 장에게 통보할 수 있도록 하여야 한다.

(7) 설계변경

1) 설계변경 및 계약금액 조정

① 감리원은 설계변경 및 계약금액의 조정업무 흐름을 참조하여 감리업무를 수행하여야 한다.

㉠ 업무흐름도

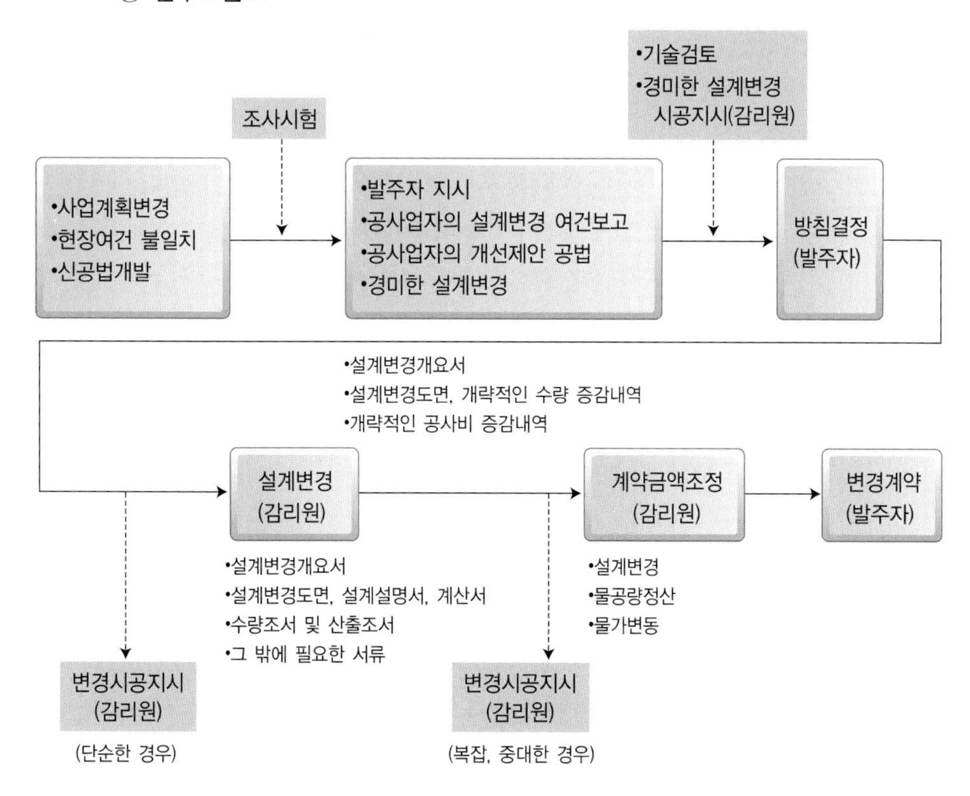

㉡ 설계변경에 따른 계약금액 조정 업무 처리절차

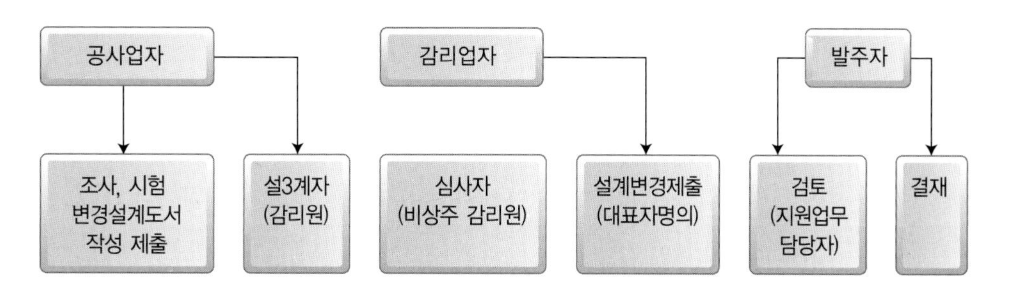

② 감리원은 시공과정에서 당초 설계의 기본적인 사항인 전압, 변압기 용량, 공급방식, 접지방식, 계통보호, 간선규격, 시설물의 구조, 평면 및 공법 등의 변경없이 현지여건에 따른 위치변경과 연장증감 등으로 인한 수량증감이나 단순 시설물의 추가 또는 삭제 등의 경미한 설계변경 사항이 발생한 경우에는 설계변경도면, 수량증감 및 증감공사 내역을 공사업자로부터 제출받아 검토·확인하고 우선 변경 시공하도록 지시할 수 있으며 사후에 발주자에게

서면으로 보고하여야 한다. 이 경우 경미한 설계변경의 구체적 범위는 발주자가 정한다.

③ 발주자는 외부적 사업환경의 변동, 사업추진 기본계획의 조정, 민원에 따른 노선변경, 공법변경, 그 밖의 시설물 추가 등으로 설계변경이 필요한 경우에는 다음 각 호의 서류를 첨부하여 반드시 서면으로 책임감리원에게 설계변경을 하도록 지시하여야 한다. 다만, 발주자가 설계변경 도서를 작성할 수 없을 경우에는 설계변경개요서만 첨부하여 설계변경 지시를 할 수 있다.

- 설계변경 개요서
- 설계변경 도면, 설계설명서, 계산서 등
- 수량산출 조서
- 그 밖에 필요한 서류

④ 제3항의 지시를 받은 책임감리원은 지체 없이 공사업자에게 그 내용을 통보하여야 한다.

⑤ 공사업자는 설계변경 지시내용의 이행가능 여부를 당시의 공정, 자재수급 상황 등을 검토하여 확정하고, 만약 이행이 불가능하다고 판단될 경우에는 그 사유와 근거자료를 첨부하여 책임감리원에게 보고하여야 하고, 책임감리원은 그 내용을 검토·확인하여 지체없이 발주자에게 보고하여야 한다. 이 경우 설계변경 도서작성에 소요되는 비용은 원칙적으로 발주자가 부담하여야 한다.

⑥ 감리원은 발주자의 방침에 따라 공사업자로부터 제3항에 따른 설계변경 관련 서류를 받아 그 타당성에 관한 자료를 감리업자 명으로 발주자에게 제출하여야 한다. 이때 비상주감리원은 현지여건 등을 확인하여 책임감리원에게 기술검토서를 작성 제출할 수 있다.

⑦ 감리원은 공사업자가 현지여건과 설계도서가 부합되지 않거나 공사비의 절감 및 공사의 품질향상을 위한 개선사항 등 설계변경이 필요하다고 설계변경 사유서, 설계변경도면, 개략적인 수량증감내역 및 공사비 증감내역 등의 서류를 첨부하여 제출하면 이를 검토·확인하고 필요 시 기술검토 의견서를 첨부하여 발주자에게 실정을 보고하고, 발주자의 방침을 받은 후 시공하도록 조치하여야 한다. 감리원은 공사업자로부터 현장실정보고를 접수 후 기술검토 등을 요하지 않는 단순한 사항은 7일 이내, 그 외의 사항은 14일 이내에 검토처리하여야 하며, 만일 기일 내 처리가 곤란하거나 기술적 검토가 미비한 경우에는 그 사유와 처리계획을 발주자에게 보고하고 공사업자에게도 통

보하여야 한다.

⑧ 공사업자는 기초공사 또는 주 공정에 중대한 영향을 미치는 설계변경으로 방침확정이 긴급히 요구되는 사항이 발생하는 경우에는 제7항의 절차에 따르지 아니하고 책임감리원에게 긴급현장 실정보고를 할 수 있으며, 책임감리원은 발주자에게 지체없이 유선 또는 FAX 등으로 보고하여야 한다.

⑨ 발주자는 제7항 및 제8항에 따라 설계변경 방침결정 요구를 받은 경우에는 설계변경에 대한 기술검토를 위하여 소속직원으로 기술검토팀(T/F팀)을 구성(필요시 민간전문가 구성)·운영 할 수 있으며, 이 경우 단순사항은 7일 이내, 그 이외의 사항은 14일 이내에 방침을 확정하여 책임감리원에게 통보하여야 한다. 다만, 해당 기일 내에 처리가 곤란하여 방침결정이 지연될 경우에는 그 사유를 명시하여 통보하여야 한다.

⑩ 발주자는 설계변경 원인이 설계자의 하자라고 판단되는 경우에는 설계자에게 설계변경을 지시할 수 있다.

⑪ 감리원은 설계변경 등으로 인한 계약금액의 조정을 위한 각종서류를 공사업자로부터 제출받아 검토·확인한 후 감리업자에게 보고하여야 하며, 감리업자는 소속 비상주감리원에게 검토·확인하게 하고 대표자 명의로 발주자에게 제출하여야 한다. 이때 변경설계도서의 설계자는 책임감리원, 심사자는 비상주감리원이 날인하여야 한다. 다만, 대규모 통합감리의 경우, 설계자는 실제 설계담당감리원과 책임감리원이 연명으로 날인하고 변경설계도서의 표지양식은 사전에 발주처와 협의하여 정한다.

⑫ 감리원은 설계변경 등으로 인한 계약금액 조정 업무처리를 지체함으로써 공사업자가 지급자재 수급 및 기성부분을 인정받지 못하여 공사추진에 지장을 초래하지 않도록 적기에 계약변경이 이루어질 수 있도록 조치하여야 한다. 최종 계약금액의 조정은 예비 준공검사기간 등을 고려하여 늦어도 준공예정일 45일 전까지 발주자에 제출되어야 한다.

2) 물가변동으로 인한 계약금액의 조정

① 감리원은 공사업자로부터 물가변동에 따른 계약금액 조정요청을 받은 경우에는 다음 각 호의 서류를 작성·제출하도록 하고 공사업자는 이에 응하여야 한다.

1. 물가변동조정 요청서
2. 계약금액조정 요청서
3. 품목조정율 또는 지수조정율의 산출근거

4. 계약금액 조정 산출근거
5. 그 밖에 설계변경에 필요한 서류

② 감리원은 제출된 서류를 검토·확인하여 조정요청을 받은 날부터 14일 이내에 검토의견을 첨부하여 발주자에게 보고하여야 한다.

3) 설계변경 계약 전 기성고 및 지급자재의 지급

① 감리원은 발주자의 방침을 지시받았거나, 승인을 받은 설계변경 사항의 기성고는 해당공사의 변경계약을 체결하기 전이라도 당초 계약된 수량과 공사비 범위에서 설계변경 승인사항의 공사 기성부분에 대하여 확인하고 기성고를 사정하여야 한다. 발주자는 감리원이 확인하고 사정한 동 기성부분에 대하여 기성금을 지불하여야 한다.

② 감리원은 제1항의 설계변경 승인사항에 따라 발주자가 공급하는 지급자재에 대하여 공사업자의 요청이 있을 경우에는 변경계약 체결 전이라도 공사추진상 필요할 경우에는 변경된 소요량을 확인한 후 발주자에게 지급을 요청할 수 있으며 동 요청을 받은 발주자는 공사추진에 지장이 없도록 조치하여야 한다.

5. 사용전 검사

(1) 법정 검사

1) 사용전 검사일반

전기사업법 제61조의 규정에 의한 공사계획 인가 또는 신고를 필한 상용, 사업용 태양광 발전설비를 대상으로 한다.

사용전 검사는 자가용 및 사업용 중 저압 배전계통 연계형 용량 200kW 이하를 대상으로 하며, 200kW 초과 시 한국전기안전공사의「검사업무처리방법」에 의해 발전설비검사 담당부서에서 수리한다. 단, 정기검사 대상에서는 제외한다. 검사 대상의 범위를 요약하면 표 2-2와 같다.

표 2-2 검사대상의 범위(신설인 경우)

구 분	검사종류	용 량	선 임	감리원 배치
일반용	사용전점검	10kW 이하	미선임	필요 없음
자가용	사용전검사 (저압설비는 공사계획 미신고)	10kW 초과 (자가용 설비 내에 있는 경우 용량에 관계없이 자가용임)	대행업체 대행 가능 (1,000kW 이하)	감리원 배치확인서 (자체 감리원 불인정 - 상용이기 때문)
사업용	사용전검사 (시·도에 공사계획 신고)	전 용량 대상	대행업체 대행 가능 (10kW 이하 미선임 가능)	감리원 배치확인서 (자체 감리원 불인정 - 상용이기 때문)

2) 사용전 검사에 필요한 서류는 다음과 같다.

① 사용전검사(점검) 신청서

② 태양광 발전설비 개요

③ 공사계획인가(신고)서

④ 태양광전지 규격서

⑤ 단선결선도, 시퀀스 도면, 태양전지 트립인터록 도면, 종합 인터록도면 - 설계면허(직인 필요 없음)

⑥ 절연저항시험 성적서, 절연내력시험 성적서, 경보회로시험 성적서, 부대설비 시험 성적서, 보호장치 및 계전기시험 성적서

⑦ 출력 기록지

⑧ 전기안전관리자 선임필증 사본(사용전 점검 제외)

⑨ 감리원 배치확인서(사용전 점검 제외)

3) 공사계획인가 또는 신고대상 설비(시행규칙 별표 5)

① 인가를 요하는 발전소
- 설치공사 : 출력 1만kW 이상의 발전소의 설치
- 변경공사 : 출력 1만kW 이상의 발전소의 설치

② 신고를 요하는 발전소
- 설치공사 : 출력 1만kW 미만의 발전소의 설치
- 변경공사 : 출력 1만kW 미만의 발전소의 설치

4) 사용전 검사를 받는 시기(시행규칙 별표 5)

태양광 발전소는 전체공사가 완료되면 사용전 검사를 받아야 한다.

5) 검사적용기준

① 전기사업법 시행규칙 제40조 (전기안전관리자의 선임)
② 전기사업법 시행규칙 제41조 (안전관리업무의 대행 규모)
③ 전기사업법 시행규칙 별표 5 (사업용 공사계획), 별표 7 (자가용 공사계획)
④ 전기설비기술기준의 판단기준 1. 전기설비 제15조 (연료전지 및 태양전지 모듈의 절연내력)
⑤ 전기설비기술기준의 판단기준 1. 전기설비 제54조 (태양전지 모듈 등의 시설)
⑥ 전기설비기술기준의 판단기준 1. 전기설비 제166조 (옥내전로의 대지 전압의 제한) 4항
⑦ 전기사업용 전기설비의 검사업무 처리지침(에너지안전팀-245(2010.2.9))
⑧ 자가용전기설비 검사업무 처리규정(지식경제부 훈령 제18호(2008.9.11))

(2) 태양광발전설비 검사

1) 자가용 태양광 발전설비 사용전 검사항목 및 세부검사 내용

태양광 발전설비를 구성하는 각 기기는 설치 완료 시 아래와 같은 사용전 검사항목에 따라 세부검사가 진행되어야 한다.

① 태양광 발전설비표

자가용 태양광 발전설비에 대해 사용전 검사를 실시하는 검사자는 수검자로부터 다음의 자료를 제출받아 태양광 발전설비표를 작성해야 한다.

㉠ 공사계획인가(신고)서

공사계획인가(신고)서는 전기설비의 설치 및 변경공사 내용이 전기사업법 제61조 또는 법 제62조의 규정에 의하여 인가 또는 신고를 한 공사계획에 적합해야 한다.

㉡ 태양광 발전설비 개요

㉢ 이 밖에도 검사자는 수검자로부터 다음 설비에 대한 시험성적서를 제출받아 확인한다.

- 변압기
- 차단기
- 보호계전기류

표 2-3 **자가용 태양광 발전설비 사용전 검사 항목 및 세부검사 내용**

검 사 항 목	세 부 검 사 내 용	수 검 자 준 비 자 료
1. 태양광 발전설비표	태양광 발전설비표 작성	공사계획인가(신고)서 태양광 발전설비 개요
2. 태양광전지 검사 태양광전지 일반규격	 규격 확인	 공사계획인가(신고)서 태양광전지 규격서
태양광전지 검사	외관검사 전지 전기적 특성시험 어레이	단선결선도 태양전지 트립인터록 도면 시퀀스 도면 보호장치 및 계전기시험성적서 절연저항시험 성적서
3. 전력변환장치 검사 전력변환장치 일반규격	 규격 확인	 공사계획인가(신고)서
전력변환장치 검사	외관검사 절연저항 절연내력 제어회로 및 경보장치 전력조절부/static 스위치 자동·수동절체시험 역방향운전 제어시험 단독운전 방지 시험 인버터 자동·수동절체시험 첫전기능 시험	단선결선도 시퀀스 도면 보호장치 및 계전기시험 성적서 절연저항시험 성적서 절연내력시험 성적서 경보회로시험 성적서 부대설비시험 성적서
보호장치검사	외관검사 절연저항 보호장치 시험	
축전지	시설상태 확인 전해액 확인 환기시설 상태	
4. 종합연동시험 검사 5. 부하운전시험 검사	검사 시 일사량을 기준으로 가능출력 확인하고 발전량 이상유무 확인(30분)	종합 인터록 도면 출력 기록지
6. 기타 부속설비	전기수용설비 항목을 준용	

- 보호설비류
- 피뢰기류
- 변성기류
- 개폐기류
- 콘덴서, 모터, 기동기, 케이블 및 케이블 접속재
- 발전설비
- 상기 이외의 전기기계기구와 보호장치

㉣ 시험성적서 확인방법은 크게 공인시험기관에 의한 시험성적서와 기관에 의한 인증서 확인이 있다. 도표로 나타내면 그림 2-2와 같다.

그림 2-2 시험성적서 확인 플로우차트

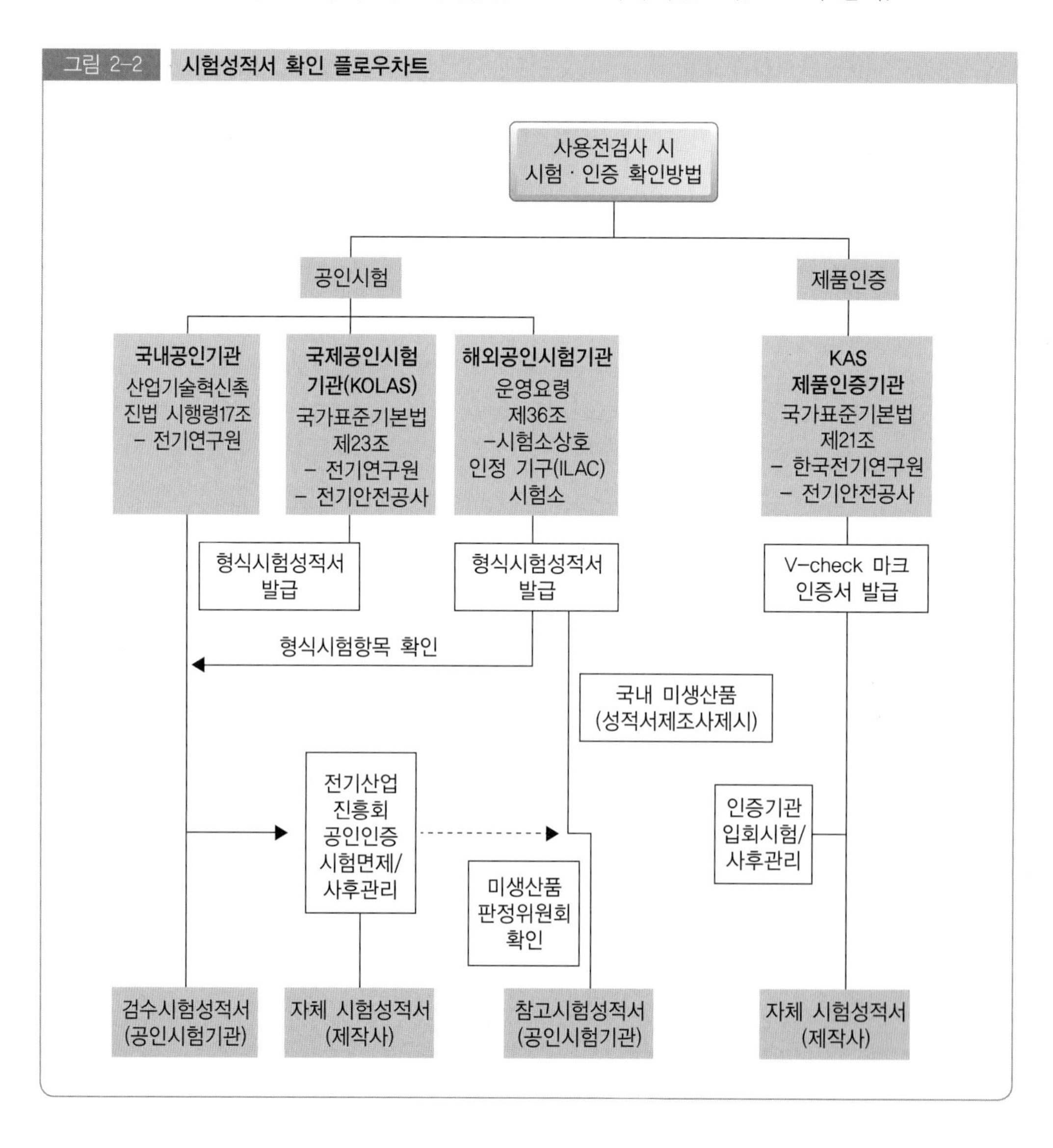

ⓐ 고압 이상 전기기계기구의 시험성적서는 국내생산품과 수입품 모두 동일하게 국내 공인시험기관의 시험성적서를 확인함을 원칙으로 한다. 다만, 다음의 경우에는 제작회사의 자체 시험성적서를 확인한다.

- 산업표준화법에 의한 KS 표시품, 케이블, 콘덴서, 전동기, 기동기, 20 kV급 케이블 종단접속재 이외의 케이블 접속재
- 국가표준기본법에 의한 공인제품 인증기관의 안전인증 표시품·중전기기 시험기준 및 방법에 관한 요령 고시에 의한 공인시험기관의 인증시험이 면제된 제품
- 국내 공인시험기관에서 시험이 불가능한 품목 및 검사기관에서 인정한 품목

ⓑ 국내 공인시험기관의 시험설비 미비, 관련규격이 없는 경우, 수리품 및 국내 미생산품인 경우는 공인시험기관의 참고시험 성적서를 확인한다.

② 태양전지 검사

검사자는 수검자로부터 수검에 필요한 자료를 제출받아 다음의 사항을 검사해야 한다.

㉠ 태양전지의 일반 규격

검사자는 수검자로부터 제출받은 태양전지 규격서 상의 규격이 설치된 태양전지와 일치하는지 확인한다.

㉡ 태양전지의 외관검사

검사자는 태양전지 셀 및 모듈을 비롯한 시스템에 대해 다음의 사항을 중심으로 외관을 검사한다.

ⓐ 태양전지 모듈 또는 패널의 점검

검사자는 모듈의 유형과 설치개수 등을 1,000 lux 이상의 밝은 조명 아래에서 육안으로 점검한다. 지상설치형 어레이의 경우에는 지상에서 육안으로 점검하며 지붕설치형 어레이는 수검자가 제공한 낙상 보호조치를 확인한 후 검사자가 직접 지붕에 올라 어레이를 검사한다. 지붕의 경사가 심해 검사자가 직접 오를 수 없는 경우에는 수검자가 제공한 사다리나 승강장치에 올라 정확한 모듈과 어레이의 설치개수를 세어 설계도면과 일치하는지 확인한다. 정확한 모듈 개수의 확인은 전압과 전류 출력에 영향을 미치므로 매우 중요하다. 간혹 현장의 모듈이 인가서 상의 모듈 모델번호와 다른 경우가 있으므로 각 모듈의 모델번호 역시 설계도면과 일치하는지 확인한다. 지붕에 설치된 모

듈은 모델번호를 확인하기 곤란한 경우가 많으므로 수검자가 카메라로 찍은 사진을 근거로 확인한다.

사용전검사 시 공사계획인가(신고)서의 내용과 일치하는지 태양전지모듈의 정격용량을 확인하여 이를 사용전검사필증에 표시하고, 다음 사항을 확인한다.

- 셀 용량 : 태양전지 셀 제작사가 설계 설명서에 제시한 용량을 기록한다.
- 셀 온도 : 태양전지 셀 제작사가 설계 설명서에 제시한 셀의 발전시 온도를 기록한다.
- 셀 크기 : 제작자의 설계서상 셀의 크기를 기록한다.
- 셀 수량 : 공사계획서 상 출력을 발생할 수 있도록 설치된 셀의 전체 수량을 기록한다.

그림 2-3 태양전지 모듈 라벨

ⓑ 태양전지 셀, 모듈, 패널, 어레이에 대한 외관검사
- 공사계획인가(신고)서 내용과 일치하는지 확인하고 태양전지 셀의 제작번호를 확인한다.
- 태양전지 셀의 제작, 운송 및 설치과정에서의 변색, 파손, 오염 등의 결함 여부를 1,000 lux 이상의 조도에서 아래 사항을 중심으로 육안 점검하고 단자대의 누수, 부식 및 절연재의 이상을 확인한다.
  - 모듈 표면의 금, 휨, 찢김이나 모듈 배열의 흐트러짐
  - 태양전지 모듈의 깨짐
  - 오결선
  - 태양전지 셀 간 접촉 또는 태양전지 셀의 모듈 테두리 접촉
  - 태양전지 셀과 모듈 테두리 사이에 기포나 박리현상에 의한 연속된 통로 형성 여부
  - 합성수지재 표면처리 결함으로 인한 끈적거림
  - 단말처리 불량 및 전기적 충전부의 노출
  - 기타 모듈의 성능에 영향을 끼칠 수 있는 요인
  - 모듈의 개수와 모델번호를 확인하고 나면 마지막으로 각 모듈과 어레이의 배치가 설계도면과 일치하는지 확인한다.

ⓒ 배선 점검

ⓓ 접속단자의 조임상태 확인

㉢ 태양전지의 전기적 특성 확인

검사자는 수검자로부터 제출받은 태양전지 규격서 상의 규격으로부터 다음의 사항을 확인한다.

ⓐ 최대출력

태양광 발전소에 설치된 태양전지 셀의 셀당 최대출력을 기록한다.

ⓑ 개방전압 및 단락전류

검사자는 모듈 간이 제대로 접속되었는지 확인하기 위해 개방전압이나 단락전류 등을 확인한다.

ⓒ 최대출력 전압 및 전류

태양광 발전소 검사 시 모니터링 감시장치 등을 통해 하루 중 순간 최대출력이 발생할 때의 인버터의 교류전압 및 전류를 기록한다.

ⓓ 충진률

개방전압과 단락전류와의 곱에 대한 최대출력의 비(첫진율)를 태양전

지 규격서로부터 확인하여 기록한다.

ⓔ 전력변환효율

기기의 효율을 제작사의 시험성적서 등을 확인하여 기록한다.

이 밖에도 수검자로부터 제출받은 태양광 발전시스템의 단선결선도, 태양전지 트립인터록 도면, 시퀀스 도면, 보호장치 및 계전기 시험성적서가 태양광 발전설비의 시공 또는 동작상태와 일치하는지 확인한다.

㉣ 태양전지 어레이

검사자는 수검자로부터 제출받은 절연저항시험 성적서에 기재된 값으로부터 현장에서 실측한 값과 일치하는지 확인한다.

ⓐ 절연저항

검사자는 운전 개시 전에 태양광 회로의 절연상태를 확인하고 통전 여부를 판단하기 위해 절연저항을 측정한다. 이 측정값은 운전개시 후의 절연상태의 기준이 된다.

ⓑ 접지저항

검사자는 접지선의 탈락, 부식 여부를 확인하고 접지저항 값이 전기설비기술기준이나 제작사 적용 코드에 정해진 접지저항이 확보되어 있는지를 접지저항 측정기로 확인한다.

③ 전력변환장치 검사

검사자는 수검자로부터 제출받은 자료로부터 다음의 사항을 검사해야한다.

㉠ 전력변환장치의 일반 규격

검사자는 수검자로부터 제출받은 공사계획인가(신고)서 상의 전력변환장치 규격이 시험성적서 및 이 현장에 시공된 장치의 규격과 일치하는지 확인한다.

ⓐ 형식 : 인버터 모델 형식을 기록한다.

ⓑ 용량 : 인버터의 용량이 공사계획인가(신고) 내용과 일치하는지를 확인해야 하며, 다만 인버터의 여유율을 감안하여 인버터에 접속된 모듈의 정격용량은 인버터 용량의 105% 이내로 할 수 있다.

ⓒ 정격 입·출력 전압 : 인버터의 입·출력 전압을 확인한다.

ⓓ 제작사 및 제작번호 : 제작사 및 기기 일련번호를 기록한다.

㉡ 전력변환장치 검사

검사자는 전력변환장치에 대해 다음의 사항을 검사해야 한다.

ⓐ 외관검사

- 검사자는 전력변환장치의 파손이나 변형 등의 유무를 확인한다.
- 배전반(보호 및 제어)의 계기, 경보장치 등의 이상 유무를 확인한다.
- 배전반의 절연간격 및 배선의 결선상태를 확인한다.
- 필요한 개소에 소정의 접지가 되어 있는지 확인하고, 접지선의 접속상태가 양호한지 확인한다.

ⓑ 절연저항

- 검사자는 운전개시 전에 공장 및 현장에서 측정한 절연저항 측정 성적서를 검토하거나 실제 측정함으로써 전력변환장치 직류회로 및 교류회로의 절연상태가 기술기준이나 제작사 적용코드에서 규정한 기준값 내에 드는지 확인한다. 이 측정값은 운전개시 후의 절연상태의 기준이 된다.

ⓒ 절연내력

- 절연내력 시험은 검사자 입회하에 실제 사용전압을 가압하여 이상 유무를 확인하는 것이 원칙이지만 시험성적서로 갈음할 수 있으며, 절연내력시험이 곤란할 경우에는 절연저항(500V 절연저항계) 측정으로 갈음할 수 있다.

ⓓ 제어회로 및 경보장치

- 전력변환장치의 각종 제어회로 및 보호기능 등을 동작시켜 경보상태를 확인한다.

ⓔ 전력조절부/Static 스위치 자동·수동절체시험

- 전력조절부의 시스템 상태에 따른 Static 스위치의 절체시간을 확인한다.

ⓕ 역방향운전 제어시험

- 태양광 발전부에서 발전하지 못하거나 발전한 전력이 부하공급에 부족할 경우, 계통으로부터 부족한 전력공급 유무를 확인한다.

ⓖ 단독운전 방지시험

- 계통측 정전 시 태양광 발전설비에서 생산된 전력이 배전선로로 역송되지 않도록 태양광 발전설비 단독운전 기능의 정상동작 유무(0.5초 내 정지, 5분 이후 재투입)를 확인한다.

ⓗ 인버터 자동·수동 절체시험

- 인버터 자동·수동 절체시험을 실시하여 운전 중인 인버터의 이상

여부를 확인한다.

ⓘ 충전기능시험

- 공장에서 실시한 용량검사 내용을 확인한다.
- 초충전, 부동충전, 균등충전 시험성적서를 확인한다.
- 임의로 충전모드를 선택, 충전모드별 출력전압 및 전류 등은 운전값의 가변이 가능한지를 확인한다.

㉢ 보호장치 검사

검사자는 보호장치에 대해 다음의 사항을 확인 또는 검사해야 한다.

ⓐ 외관검사

ⓑ 절연저항

ⓒ 보호장치 시험

검사자는 전력회사와의 협의를 통해 정해진 보호협조에 맞는 설정이 되어 있는지를 확인한다.

- 전력변환장치의 보호계전기 정정값 및 시험성적서를 대조한 후 보호장치와 관련기기의 연동상태를 점검함으로써 보호계전기의 동작특성을 확인한다.
- 보호장치가 인터록 도면대로 동작하는지와 단독운전 방지시스템의 기능을 확인한다.

㉣ 축전지 검사

검사자는 축전지 및 기타 주변장치에 대해 다음의 사항을 확인해야 한다.

ⓐ 시설상태 확인

ⓑ 전해액 확인

ⓒ 환기시설 확인

환기팬의 설치 및 배기상태를 확인한다.

④ 종합연동시험 검사

검사자는 수검자로부터 제출받은 종합인터록도면을 참고하여 보호계전기의 종합연동 상태가 정상적인지 검사해야 한다.

⑤ 부하운전시험 검사

검사자는 수검자로부터 제출받은 출력기록지를 참고하여 부하운전 상태를 검사해야 한다.

㉠ 부하운전시험 검사

검사 시 일사량을 기준으로 30분간의 가능출력을 확인하고 일사량특성 곡선과 발전량의 이상 유무를 확인한다.

㉡ 부하운전시험 의견

기력발전소에 대한 사용전 검사 부하운전시험 의견서 작성방법에 따른다.

⑥ 기타 부속설비

검사자는 수검자로부터 제출받은 자료를 참고로 전기수용설비 항목을 준용하여 기타 부속설비를 검사해야 한다.

2) 자가용 태양광 발전설비 정기검사 항목 및 세부검사 내용

자가용 태양광 발전소는 경우에 따라 태양전지, 접속함, 인버터, 배전반, 변압기, 차단기 등으로 이루어져 한전계통과 연계될 수 있다. 따라서, 이상발생 시 전력계통 전체의 사고로 파급될 수 있으므로, 태양광 발전소의 안정적인 운용을 위해 4년마다 정기적으로 검사를 해야 한다.

자가용 태양광 발전설비에 대한 정기검사 항목 및 세부검사 내용을 표 2-3에 나타내었다.

① 태양전지 검사

태양전지에 대한 정기검사의 세부검사 절차는 자가용 태양광 발전설비사용전 검사에 준해 실시한다.

② 전력변환장치 검사

전력변환장치에 대한 정기검사의 세부검사 절차는 자가용 태양광 발전설비 사용전 검사에 준해 실시한다.

③ 종합연동시험 검사

종합연동시험에 대한 정기검사의 세부검사 절차는 자가용 태양광 발전설비 사용전 검사에 준해 실시한다.

④ 부하운전시험 검사

부하운전시험에 대한 정기검사의 세부검사 절차는 자가용 태양광 발전설비 사용전 검사에 준해 실시한다.

3) 사업용 태양광 발전설비 사용전 검사항목 및 세부검사 내용

사업용 태양광 발전설비를 구성하는 각 기기는 설치 완료 시 그림 2-4와 같은 사용전 검사 항목에 따라 세부검사가 진행되어야 한다.

태양광발전시스템 감리

표 2-3 자가용 태양광 발전설비 정기 검사 항목 및 세부검사 내용

검 사 항 목	세 부 검 사 내 용	수 검 자 준 비 자 료
1. 태양광전지 검사		
태양광전지 일반규격	규격 확인	전회 검사 성적서 단선결선도
태양광전지 검사	외관검사 전지 전기적 특성시험	태양전지 트립인터록 도면 시퀀스 도면 보호장치 및 계전기 시험 성적서
	어레이	절연저항시험 성적서
2. 전력변환장치 검사		단선결선도
전력변환장치 일반규격	규격 확인	시퀀스 도면 보호장치 및 계전기 시험 성적서
전력변환장치 검사	외관검사 절연저항 제어회로 및 경보장치 단독운전 방지 시험 인버터 운전시험	절연저항시험 성적서 절연내력시험 성적서 경보회로시험 성적서 부대설비시험 성적서
보호장치검사	보호장치 시험	
축전지	시설상태 확인 전해액 확인 환기시설 상태	
3. 종합연동시험		
종합연동시험	검사 시 일사량을 기준으로 가능출력 확인하고 발전량 이상유무 확인(30분)	
4. 부하운전시험	부하운전시험의견	출력 기록지 전회 검사 이후 총 운전 및 기동횟수 전회 검사 이후 주요정비내용

표 2-4 **사업용 태양광 발전설비 사용 전 검사 항목 및 세부검사 내용**

검 사 항 목	세 부 검 사 내 용	수 검 자 준 비 자 료
1. 태양광 발전설비표	태양광 발전설비표 작성	공사계획인가(신고)서 태양광 발전설비 개요
2. 태양광전지 검사 태양광전지 일반규격	규격 확인	공사계획인가(신고)서 태양광전지 규격서
태양광전지 검사	외관검사 전지 전기적 특성시험 어레이	단선결선도 태양전지 트립인터록 도면 시퀀스 도면 보호장치 및 계전기시험 성적서 절연저항시험 성적서
3. 전력변환장치 검사 전력변환장치 일반 규격	규격 확인	공사계획인가(신고)서 단선결선도
전력변환장치 검사	외관검사 절연저항 절연내력 제어회로 및 경보장치 전력조절부/static 스위치 자동·수동절체시험 역방향운전 제어시험 단독운전 방지 시험 인버터 자동·수동절체 시험 충전기능 시험	시퀀스 도면 보호장치 및 계전기시험 성적서 절연저항시험 성적서 절연내력시험 성적서 경보회로시험 성적서 부대설비시험 성적서
보호장치검사	외관검사 절연저항 보호장치 시험	
축전지	시설상태 확인 전해액 확인 환기시설 상태	

검 사 항 목	세 부 검 사 내 용	수 검 자 준 비 자 료
4. 변압기 검사		
변압기 일반규격	규격 확인	공사계획인가(신고)서
		변압기 및 부대설비 규격서
변압기 본체 검사	외관검사	단선결선도
	접지 시공 상태	시퀀스 도면
	절연저항	절연유 유출방지 시설도면
	절연내력	특성시험 성적서
	특성시험	보호장치 및 계전기 시험 성적서
	절연유 내압시험	상회전 및 loop시험 성적서
	탭절환장치 시험	절연내력시험 성적서
	상회전 및 loop 시험	절연유 내압시험 성적서
	충전시험	절연저항시험 성적서
		계기교정시험 성적서
보호장치 검사	외관검사	경보회로시험 성적서
	절연저항	부대설비시험 성적서
	보호장치 및 계전기 시험	접지저항시험 성적서
제어 및 경보장치 검사	외관검사	
	절연저항	
	경보장치	
	제어장치	
	계측장치	
부대설비 검사	절연유 유출방지 시설	
	피뢰장치	
	계기용 변성기	
	중성점 접지장치	
	접지 시공 상태	
	위험표시	
	상표시	
	울타리, 담 등의 시설 상태	
5. 차단기 검사		
차단기 일반규격	규격 확인	공사계획인가(신고)서
		차단기 및 부대설비 규격서
차단기 본체 검사	외관검사	단선결선도
	접지 시공 상태	시퀀스 도면
	절연저항	특성시험 성적서
	절연내력	보호장치 및 계전기 시험 성적서

검 사 항 목	세 부 검 사 내 용	수 검 자 준 비 자 료
	특성시험 절연유 및 내압시험(OCB) 상회전 및 loop 시험 충전시험	상회전 및 loop시험 성적서 절연내력시험 성적서 절연유 내압시험 성적서(OCB)
보호장치 검사	외관검사 절연저항 결상보호장치 보호장치 및 계전기 시험	절연저항시험 성적서 계기교정시험 성적서 경보회로시험 성적서 부대설비시험 성적서 접지저항시험 성적서
제어 및 경보장치 검사	외관검사 절연저항 개폐기 인터록 개폐표시 조작용 압축장치 가스절연장치 계측장치	
부대설비 검사	외함 접지시설 상표시 및 위험표시 계기용 변성기 단로기 및 접지단로기	
6. 전선로(모선) 검사		
전선로 일반규격	규격 확인	공사계획인가(신고)서
전선로 검사 (가공, 지중, GIB, 기타)	외관검사 보호장치 및 계전기 시험 절연저항 절연내력 충전시험	전선로 및 부대설비 규격서 단선결선도 보호계전기 결선도 시퀀스 도면 보호장치 및 계전기시험 성적서 상회전 및 loop 시험 성적서
부대설비 검사	피뢰장치 계기용 변성기 위험표시 울타리, 담 등의 시설 상태 상별 및 모의모선 표시상태	절연내력시험 성적서 절연저항시험 성적서 경보회로시험 성적서 부대설비시험 성적서

검 사 항 목	세 부 검 사 내 용	수 검 자 준 비 자 료
7. 접지설비 검사		
접지 일반규격	규격 확인	접지설계 내역 및 시공도면
접지망(mesh)	접지망 공사내역 접지저항	접지저항 시험 성적서
8. 비상발전기 검사		
발전기 일반규격	규격 확인	공사계획인가(신고)서 발전기 및 부대설비 규격서
발전기 본체 검사	외관검사 접지 시공 상태 절연저항 절연내력 특성시험	발전기 트립인터록 도면 시퀀스 도면 보호계전기 결선도 특성시험 성적서 보호장치 및 계전기시험 성적서 자동 전압조정기시험 성적서
보호장치 검사	외관검사 절연저항 보호장치 및 계전기 시험	절연내력시험 성적서 절연저항시험 성적서 계기교정시험 성적서 경보회로시험 성적서
제어 및 경보장치 검사	상회전 및 동기 검정장치 시험 전압조정기 시험	부대설비시험 성적서 접지저항시험 성적서
부대설비 검사	계기용 변성기 발전기 모선 접속상태 및 상표시 위험표시	
9. 종합연동시험 검사	검사 시 일사량을 기준으로 가능 출력을 확인하고 발전량의 이상유무 확인(30분)	종합 인터록 도면
10. 부하운전 검사		출력 기록지

① 태양광 발전설비표

사업용 태양광 발전설비에 대해 사용전 검사를 실시하는 검사자는 수검자로부터 다음의 자료를 제출받아 태양광 발전설비표를 작성해야 한다.

㉠ 공사계획인가(신고)서

공사계획인가(신고)서는 전기설비의 설치 및 변경공사 내용이 전기사업법 제61조 또는 동법 제62조의 규정에 의하여 인가 또는 신고를 한 공사계획에 적합해야 한다.

㉡ 태양광 발전설비 개요

㉢ 이밖에도 검사자는 수검자로부터 다음 설비에 대한 시험성적서를 제출받아 확인한다.

- 변압기
- 차단기
- 보호계전기류
- 보호설비류
- 피뢰기류
- 변성기류
- 개폐기류
- 콘덴서, 모터, 기동기, 케이블 및 케이블 접속재
- 발전설비
- 상기 이외의 전기기계기구와 보호장치

㉣ 사업용 태양광 발전설비의 경우에도 시험성적서의 확인은 자가용태양광 발전설비의 방법에 따라 실시한다.

ⓐ 고압 이상 전기기계기구의 시험성적서는 국내생산품과 수입품 모두 동일하게 국내 공인시험기관의 시험성적서를 확인함을 원칙으로 한다. 다만, 다음의 경우에는 제작회사의 자체 시험성적서를 확인한다.

- 산업표준화법에 의한 KS 표시품, 케이블, 콘덴서, 전동기, 기동기, 20kV급 케이블 종단접속재 이외의 케이블 접속재
- 국가표준기본법에 의한 공인제품 인증기관의 안전인증 표시품
- 중전기기 시험기준 및 방법에 관한 요령, 고시에 의한 공인시험기관의 인증시험이 면제된 제품
- 국내 공인시험기관에서 시험이 불가능한 품목 및 검사기관에서 인정한 품목

ⓑ 국내 공인시험기관의 시험설비 미비, 관련규격이 없는 경우, 수리품 및 국내 미생산품인 경우는 공인시험기관의 참고시험 성적서를 확인한다.

② 태양전지 검사

태양전지에 대한 사용전 검사의 세부검사 절차는 자가용 태양광 발전설비 사용전 검사에 준해 실시한다.

③ 전력변환장치 검사

전력변환장치에 대한 사용전 검사의 세부검사 절차는 자가용 태양광 발전설비 사용전 검사에 준해 실시한다.

④ 변압기 검사

㉠ 변압기의 일반규격

기력발전소에 대한 사용전 검사 변압기 일반규격의 해당항목 작성요령에 따른다.

㉡ 변압기의 시험검사

기력발전소에 대한 사용전 검사 변압기 시험검사의 해당항목 검사요령에 따른다. 단, 충전시험은 계통과 연계하여 변압기를 가압(또는 역가압)시켜 이음, 온도상승, 진동발생 등 이상 유무를 검사한다.

⑤ 차단기 검사

㉠ 차단기의 일반규격

기력발전소에 대한 사용전 검사 차단기 일반규격의 해당항목 작성요령에 따른다. 직류차단기의 경우 반드시 전압을 확인하여 기록한다. 단, 시험을 인정할 수 있는 직류차단기는 현재 국내에서는 생산되고 있지 않으므로 외국 인증기관의 시험을 필한 3극 차단기로 결선한 것을 참고정격으로 인정하되 차단기의 모든 접점이 동시에 개방·투입되도록 결선해야 한다.

그림 2-4 차단기 설치사례

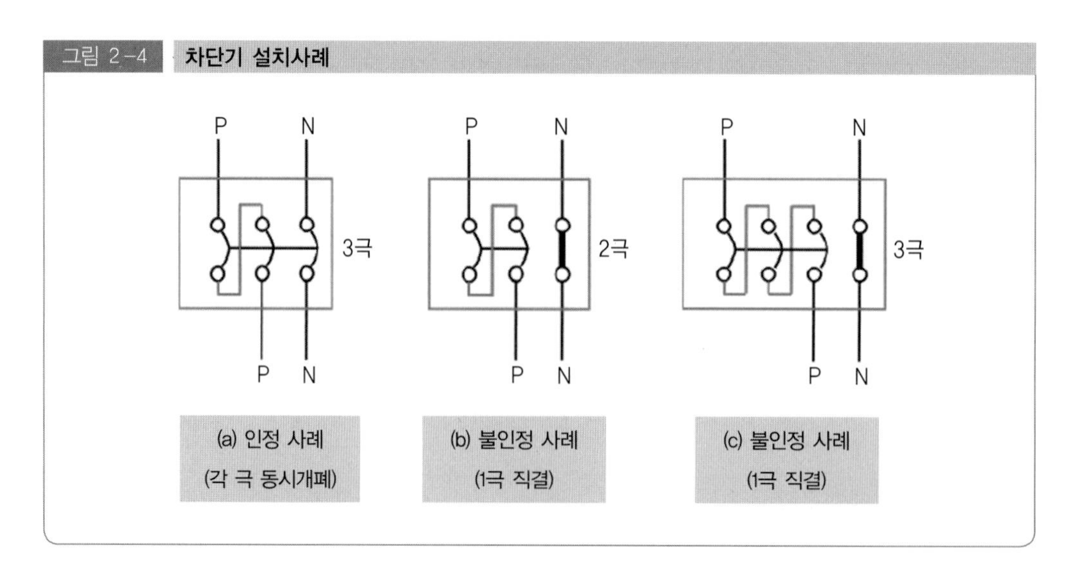

㉡ 차단기 시험검사

기력발전소에 대한 사용전 검사 차단기 시험검사의 해당항목 검사요령에 따른다.

단, 충전시험은 계통과 연계하여 변압기를 가압 또는 역가압시켜 이음, 온도상승, 진동발생 등 이상 유무를 검사한다.

⑥ 전선로 검사

㉠ 전선로(모선) 일반규격

기력발전소에 대한 사용전 검사 전선로(모선) 일반규격의 해당항목 작성요령에 따른다.

㉡ 전선로(모선) 시험검사

기력발전소에 대한 사용전 검사 전선로(모선) 시험검사의 해당항목 검사요령에 따른다. 단, 충전시험은 계통과 연계하여 변압기를 가압(또는 역가압)시켜 이음, 온도상승, 진동발생 등 이상 유무를 검사한다.

⑦ 접지설비 검사

기력발전소에 대한 사용전 검사 접지설비 검사의 해당항목 검사요령에 따른다.

⑧ 종합연동시험 검사

종합연동시험에 대한 사용전 검사의 세부검사 절차는 자가용 태양광 발전설비 사용전 검사에 준해 실시한다.

⑨ 부하운전시험 검사

부하운전시험에 대한 사용전 검사의 세부검사 절차는 자가용 태양광 발전설비 사용전 검사에 준해 실시한다.

⑩ 기타 부속설비

기타 부속설비에 대한 사용전 검사의 세부검사 절차는 자가용 태양광발전설비 사용전 검사에 준해 실시한다.

4) 사업용 태양광 발전설비 정기검사 항목 및 세부검사 내용

사업용 태양광 발전소는 고압의 경우 태양전지, 접속함, 인버터, 배전반, 변압기, 차단기 등으로 이루어져 한전계통과 연계되어 있다. 따라서, 이상발생 시 전력계통 전체의 사고로 파급될 수 있으므로, 태양광 발전소의 안정적인 운용을 위해 4년마다 정기적으로 검사를 해야 한다.

사업용 태양광 발전설비에 대한 정기검사 항목 및 세부검사 내용을 표 2-5에 나타내었다.

표 2-5 **사업용 태양광 발전설비 정기검사 항목 및 세부검사 내용**

검 사 항 목	세 부 검 사 내 용	수 검 자 준 비 자 료
1. 태양광전지 검사		전회 검사 성적서
태양광전지 일반규격	규격 확인	단선결선도
		태양전지 트립인터록 도면
태양광전지 검사	외관검사	시퀀스 도면
	전지 전기적 특성시험	보호장치 및 계전기시험 성적서
	어레이	절연저항시험 성적서
2. 전력변환장치 검사		
전력변환장치 일반 규격	규격 확인	단선결선도
		시퀀스 도면
전력변환장치 검사	외관검사	보호장치 및 계전기 시험 성적서
	절연저항	절연저항시험 성적서
	제어회로 및 경보장치	절연내력시험 성적서
	단독운전 방지 시험	경보회로시험 성적서
	인버터 운전시험	부대설비시험 성적서
보호장치검사	보호장치 시험	
축전지	시설상태 확인	
	전해액 확인	
	환기시설 상태	
3. 변압기 검사		
변압기 일반규격	규격 확인	전회 검사 성적서
		시퀀스 도면
변압기 시험검사	외관검사	보호계전기시험 성적서
(기동,소내변압기 포함)	조작용 전원 및 회로점검	계기교정시험 성적서
	보호장치 및 계전기 시험	경보회로시험 성적서
	절연저항 측정	절연저항시험 성적서
	절연유 내압시험	절연유 내압시험 성적서
	제어회로 및 경보장치 시험	
4. 차단기 검사		
(발전기용 차단기)	규격 확인	전회 검사 성적서
	외관검사	개폐기 인터록 도면
	조작용 전원 및 회로점검	계기교정시험 성적서

검 사 항 목	세 부 검 사 내 용	수 검 자 준 비 자 료
	절연저항 측정 개폐표시 상태확인 제어회로 및 경보장치 시험	경보회로시험 성적서 절연저항시험 성적서
5. 전선로(모선) 검사		
전선로 일반규격	규격 확인	전선로 및 부대설비 규격서
전선로 검사 (가공, 지중, GIB, 기타)	외관검사 보호장치 및 계전기 시험 절연저항 절연내력	단선결선도 보호계전기 결선도 시퀀스 도면 보호장치 및 계전기시험 성적서 상회전 및 loop 시험 성적서
부대설비 검사	피뢰장치 계기용 변성기 위험표시 울타리, 담 등의 시설 상태 상별 및 모의모선 표시상태	절연내력시험 성적서 절연저항시험 성적서 경보회로시험 성적서
6. 접지설비 검사		
접지 일반규격	규격 확인 접지저항 측정	접지저항 시험 성적서
7. 종합연동시험		
종합연동시험	검사 시 일사량을 기준으로 가능출력 확인하고 발전량 이상유무 확인(30분)	
8. 부하운전시험	부하운전시험의견	출력 기록지 전회 검사 이후 총 운전 및 기동 횟수 전회 검사 이후 주요정비 내용

① 태양전지 검사

태양전지에 대한 정기검사의 세부검사 절차는 자가용 태양광 발전설비 사용전 검사에 준해 실시한다.

② 전력변환장치 검사

전력변환장치에 대한 정기검사의 세부검사 절차는 자가용 태양광 발전설비 사용전 검사에 준해 실시한다.

③ 변압기 검사

변압기에 대한 정기검사의 세부검사 절차는 사업용 태양광 발전설비 사용전 검사에 준해 실시한다.

④ 차단기 검사

차단기에 대한 정기검사의 세부검사 절차는 사업용 태양광 발전설비 사용전 검사에 준해 실시한다.

⑤ 기타 부속설비

기타 부속설비에 대한 정기검사의 세부검사 절차는 자가용 태양광 발전설비 사용전 검사에 준해 실시한다.

5) 기타검사

① 비상발전기는 태양광 발전설비 계통과 연계하지 말아야 한다.

② 소출력 태양광 발전설비의 경우 누전차단기 동작 시 발전원에 의해 지속적으로 전원이 공급되어 감전사고 발생의 우려가 있고 누전차단기 테스트 버튼조작 등에 의한 지락발생 시 발전원에 의해 지속적으로 지락전류가 흘러 트립코일 소손의 가능성이 상존하므로 계통으로의 연계점은 누전차단기 1차측에 접속해야 하며, 연계점 전원측의 과전류차단기(MCCB) 부설 여부를 확인해야 한다.

그림 2-5 소출력 태양광 발전설비의 계통연계점 확인사항

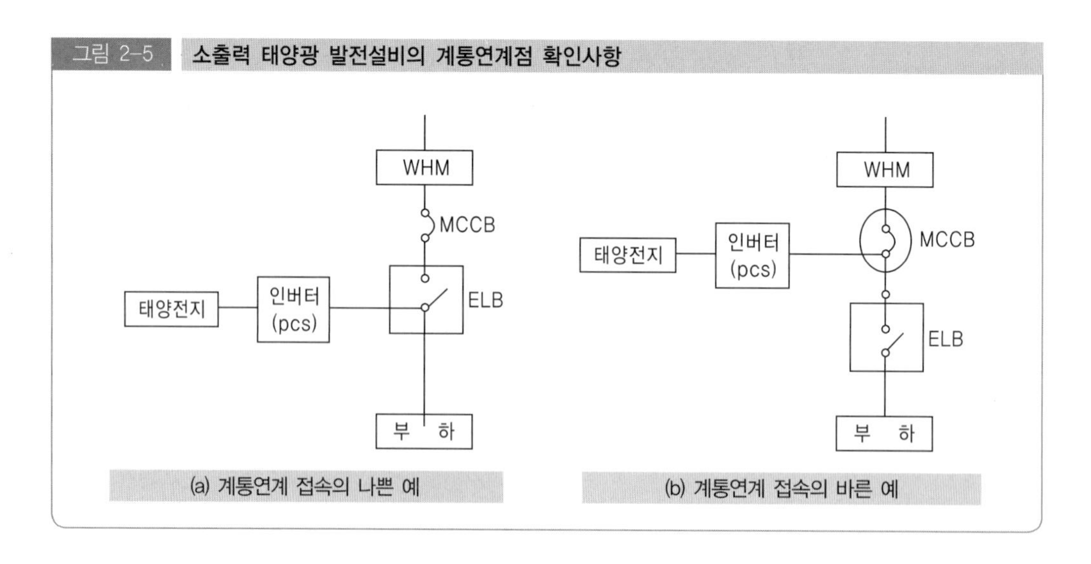

(a) 계통연계 접속의 나쁜 예

(b) 계통연계 접속의 바른 예

③ 케이블 트레이 상용케이블과 태양광 발전설비 케이블의 사이에는 이격거리를 두고 배선 꼬리표를 달아야 한다.

④ 피뢰침 보호각이 표시되어 있는 전기간선계통도를 붙여야 한다.

⑤ 태양광 평면도를 참고해야 하며 건물 옥상인 경우 도면을 참고해야 한다.
⑥ 계통연계되는 전기실까지 케이블 트레이 평면도를 붙여야 한다.
⑦ 모듈 접속함 내에 직류차단기 및 직류퓨즈 사용 여부를 확인해야 한다.
⑧ 인버터 시험성적서 사본인 경우 원본대조필 직인이 있는지 확인해야 한다.
⑨ 태양전지 모듈의 규격리스트와 제품번호를 확인해야 한다.

6. 준공검사

(1) 준공검사 절차서 작성

1) 기성 및 준공검사자의 임명

① 감리원은 기성부분 검사원 또는 준공 검사원을 접수하였을 때에는 신속히 검토·확인하고, 기성부분 감리조서와 다음의 서류를 첨부하여 지체 없이 감리업자에게 제출하여야 한다.
- 주요기자재 검수 및 수불부
- 감리원의 검사기록 서류 및 시공 당시의 사진
- 품질시험 및 검사성과 총괄표
- 발생품 정리부
- 그 밖에 감리원이 필요하다고 인정하는 서류와 준공검사원에는 지급기자재 잉여분 조치현황과 공사의 사전검사·확인서류, 안전관리점검 총괄표 추가 첨부

② 감리업자는 기성부분 검사원 또는 준공 검사원을 접수하였을 때에는 3일 이내에 비상주 감리원을 임명하여 검사하도록 하고 이 사실을 즉시 검사자로 임명된 자에게 통보하고, 발주자에게 보고하여야 한다. 다만, 「국가를 당사자로 하는 계약에 관한 법률 시행령」 제55조제7항 본문에 따른 약식 기성검사 시에는 책임감리원을 검사자로 임명하여 검사하도록 한다.

③ 감리업자는 기성부분검사 또는 장기계속공사의 연차별 예비준공검사를 함에 있어 현장이 원거리 또는 벽지에 위치하고 책임감리원으로도 검사가 가능하다고 인정되는 경우에는 발주자와 협의하여 책임감리원을 검사자로 임명할 수 있다.

④ 감리업자는 부득이한 사유로 소속직원이 검사를 할 수 없다고 인정할 때에는 발주자와 협의하여 소속직원 이외의 자 또는 전문검사기관에게 그 검사를 하게 할 수 있다. 이 경우 검사결과는 서면으로 작성하여야 한다.

⑤ 감리업자는 각종설비, 복합공사 등 특수공종이 포함된 공사의 준공검사를 할 때 필요한 경우에는 발주자와 협의하여 전문기술자를 포함한 합동 준공검사반을 구성할 수 있다.

⑥ 발주자는 필요한 경우에는 소속직원에게 기성검사 과정에 입회하도록 하고, 준공검사 과정에는 소속직원을 입회시켜 준공검사자가 계약서, 설계설명서, 설계도서 등 관계서류에 따라 준공검사를 실시하는지 여부를 확인하여야 하며, 필요시 완공된 시설물 인수기관 또는 유지관리기관의 직원에게 검사에 입회·확인할 수 있도록 조치하여야 한다.

⑦ 발주자는 제6항에 따른 준공검사에 입회할 경우에는 해당공사가 복합공종인 경우에는 공종별로 팀을 구성하여 공동입회하도록 할 수 있으며, 준공검사 실시여부를 확인하여야 한다.

⑧ 감리업자는 기성부분검사 및 준공검사 전에 검사에 필요한 전문기술자의 참여, 필수적인 검사공종, 검사를 위한 시험장비 등 체계적으로 작성한 검사계획서를 발주자에게 제출하여 승인을 받고, 승인을 받은 계획서에 따라 다음과 같은 검사절차에 따라 검사를 실시하여야 한다.

그림 2-6 검사처리 절차

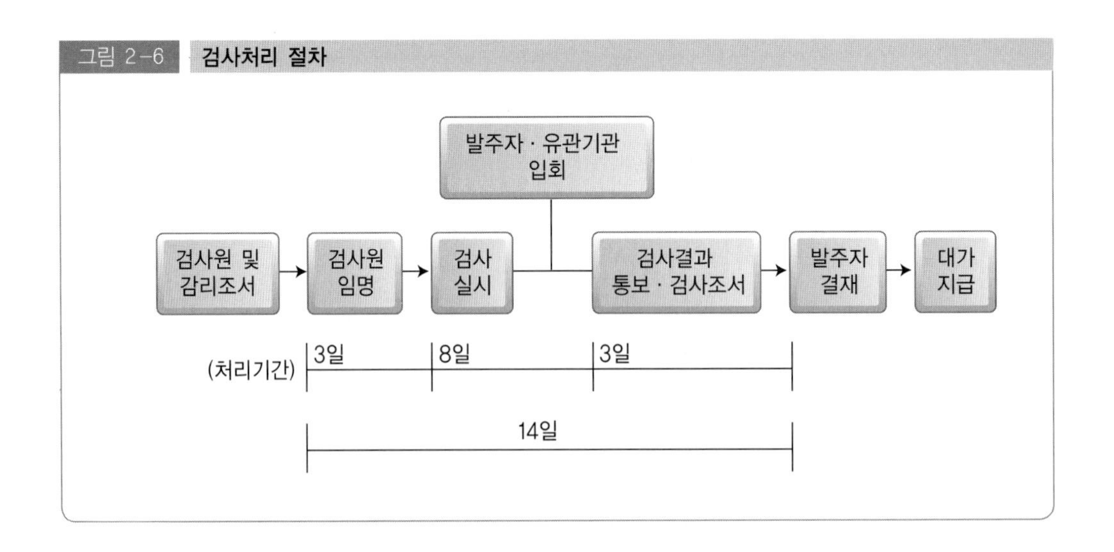

2) 검사기간

① 기성 또는 준공검사자(이하 "검사자"라 한다.) 는 계약에 소정 기일이 명시되지 않는 한 임명통지를 받은 날부터 8일 이내에 해당공사의 검사를 완료하고 검사조서를 작성하여 검사 완료일부터 3일 이내에 검사결과를 소속 감리업자에게 보고하여야 하며, 감리업자는 신속히 검토 후 발주자에게 지체 없

이 통보하여야 한다.

② 검사자는 검사조서에 검사사진을 첨부하여야 한다.

③ 감리업자는 천재지변 등 불가항력으로 인해 제1항에서 정한 기간을 준수할 수 없을 때에는 검사에 필요한 최소한의 범위에서 검사기간을 연장할 수 있으며 이를 발주자에게 통보하여야 한다.

④ 불합격 공사에 대한 보완, 재시공 완료 후 재검사 요청에 대한 검사기간은 공사업자로부터 그 시정을 완료한 사실을 통보받은 날부터 제1항의 기간을 계산한다.

3) 기성 및 준공검사

① 검사자는 해당공사 검사시에 상주감리원 및 공사업자 또는 시공관리책임자 등을 입회하게 하여 계약서, 설계설명서, 설계도서, 그 밖의 관계서류에 따라 다음 각 호의 사항을 검사하여야 한다. 다만, 「국가를 당사자로 하는 계약에 관한 법률 시행령」 제55조제7항 본문에 따른 약식 기성검사의 경우에는 책임감리원의 감리조사와 기성부분 내역서에 대한 확인으로 갈음할 수 있다.

㉠ 기성검사

- 기성부분 내역이 설계도서대로 시공되었는지 여부
- 사용된 가자재의 규격 및 품질에 대한 실험의 실시여부
- 시험기구의 비치와 그 활용도의 판단
- 지급기자재의 수불 실태
- 주요 시공과정을 촬영한 사진의 확인
- 감리원의 기성검사원에 대한 사전검토 의견서
- 품질시험·검사성과 총괄표 내용
- 그 밖에 검사자가 필요하다고 인정하는 사항

㉡ 준공검사

- 완공된 시설물이 설계도서대로 시공되었는지의 여부
- 시공시 현장 상주감리원이 작성 비치한 제 기록에 대한 검토
- 폐품 또는 발생물의 유무 및 처리의 적정여부
- 지급 기자재의 사용적부와 잉여자재의 유무 및 그 처리의 적정여부
- 제반 가설시설물의 제거와 원상복구 정리 상황
- 감리원의 준공 검사원에 대한 검토의견서
- 그 밖에 검사자가 필요하다고 인정하는 사항

② 검사자는 시공된 부분이 수중 또는 지하에 매몰되어 사후검사가 곤란한 부분과 주요 시설물에 중대한 영향을 주거나 대량의 파손 및 재시공 행위를 요하는 검사는 검사조서와 사전검사 등을 근거로 하여 검사를 시행할 수 있다.

3) 불합격 공사에 대한 재시공 명령

검사자는 검사에 합격되지 아니한 부분이 있을 때에는 감리업자에게 지체없이 그 내용을 보고하고, 감리업자의 지시에 따라 책임감리원은 즉시 공사업자에게 보완시공 또는 재시공을 한 후 공사가 완료되면 다시 검사절차에 따라 검사원을 제출하도록 하여야 하며, 감리업자는 해당공사의 검사자에게 재검사를 하게 하여야 한다.

4) 준공검사 등의 절차

① 감리원은 해당공사 완료 후 준공검사 전에 사전 시운전 등이 필요한 부분에 대하여는 공사업자에게 다음 각 호의 사항이 포함된 시운전을 위한 계획을 수립하여 시운전 30일 이내에 제출하도록 하고, 이를 검토하여 발주자에게 제출하여야 한다.
- 시운전 일정
- 시운전 항목 및 종류
- 시운전 절차
- 시험장비 확보 및 보정
- 기계·기구 사용계획
- 운전요원 및 검사요원 선임계획

② 감리원은 공사업자로부터 시운전 계획서를 제출받아 검토, 확정하여 시운전 20일 이내에 발주자 및 공사업자에게 통보하여야 한다.

③ 감리원은 공사업자에게 다음 각 호와 같이 시운전 절차를 준비하도록 하여야 하며 시운전에 입회하여야 한다.
- 기기점검
- 예비운전
- 시운전
- 성능보장운전
- 검수
- 운전인도

④ 감리원은 시운전 완료 후에 다음 각 호의 성과품을 공사업자로부터 제출받아 검토 후 발주자에게 인계하여야 한다.
- 운전개시, 가동절차 및 방법
- 점검항목 점검표
- 운전지침
- 기기류 단독 시운전 방법 검토 및 계획서
- 실가동 Diagram
- 시험구분, 방법, 사용매체 검토 및 계획서
- 시험성적서
- 성능시험 성적서(성능시험 보고서)

5) 예비준공검사

① 공사현장에 주요공사가 완료되고 현장이 정리단계에 있을 때에는 준공예정일 2개월 전에 준공기한 내 준공가능 여부 및 미진한 사항의 사전보완을 위해 예비 준공검사를 실시하여야 한다. 다만, 소규모 공사인 경우에는 발주자와 협의하여 생략할 수 있다.

② 감리업자는 전체공사 준공시에는 책임감리원, 비상주감리원 중에서 고급감리원 이상으로 검사자를 지정하여 합동으로 검사하도록 하여야 하며, 필요시 지원업무 담당자 또는 시설물 유지관리 직원 등을 입회하도록 하여야 한다. 연차별로 시행하는 장기계속공사의 예비준공검사의 경우에는 해당 책임감리원을 검사자로 지정할 수 있다.

③ 예비준공검사는 감리원이 확인한 정산설계도서 등에 따라 검사하여야 하며, 그 검사내용은 준공검사에 준하여 철저히 시행되어야 한다.

④ 책임감리원은 예비준공검사를 실시하는 경우에는 공사업자가 제출한 품질시험·검사총괄표의 내용을 검토하여야 한다.

⑤ 예비준공 검사자는 검사를 행한 후 보완사항에 대하여는 공사업자에게 보완을 지시하고 준공검사자가 검사시 확인할 수 있도록 감리업자 및 발주자에게 검사결과를 제출하여야 한다. 공사업자는 예비준공검사의 지적사항 등을 완전히 보완하고 책임감리원의 확인을 받은 후 준공 검사원을 제출하여야 한다.

6) 준공도면 등의 검토·확인

① 감리원은 준공 설계도서 등을 검토·확인하고 완공된 목적물이 발주자에게

차질없이 인계될 수 있도록 지도·감독하여야 한다. 감리원은 공사업자로부터 가능한 한 준공예정일 1개월 전까지 준공 설계도서를 제출받아 검토·확인하여야 한다.

② 감리원은 공사업자가 작성·제출한 준공도면이 실제 시공된 대로 작성되었는지 여부를 검토·확인하여 발주자에게 제출하여야 한다. 준공도면은 계약서에 정한 방법으로 작성되어야 하며, 모든 준공도면에는 감리원의 확인·서명이 있어야 한다.

7) 준공표지의 설치

감리원은 공사업자가 「전기공사업법」 제24조에 따라 준공 표지판을 설치할 때에는 보기 쉬운 곳에 영구적인 시설물로 준공 표지판을 설치하도록 조치하여야 한다.

(2) 시설물 인수인계 계획 수립

① 감리원은 공사업자에게 해당공사의 예비준공검사(부분 준공, 발주자의 필요에 따른 기성부분 포함) 완료 후 14일 이내에 다음의 사항이 포함된 시설물의 인수·인계를 위한 계획을 수립하도록 하고 이를 검토하여야 한다.

㉠ 일반사항(공사개요 등)

㉡ 운영지침서(필요한 경우)

- 시설물의 규격 및 기능점검 항목
- 기능점검 절차
- Test 장비 확보 및 보정
- 기자재 운전 지침서
- 제작도면·절차서 등 관련 자료

㉢ 시운전 결과 보고서(시운전 실적이 있는 경우)

㉣ 예비 준공검사결과

㉤ 특기사항

② 감리원은 공사업자로부터 시설물 인수·인계 계획서를 제출받아 7일 이내에 검토, 확정하여 발주자 및 공사업자에게 통보하여 인수·인계에 차질이 없도록 하여야 한다.

③ 감리원은 발주자와 공사업자 간 시설물 인수·인계의 입회자가 된다.

④ 감리원은 시설물 인수·인계에 대한 발주자 등 이견이 있는 경우, 이에 대한 현상파악 및 필요대책 등의 의견을 제시하여 공사업자가 이를 수행하도록 조치한다.

⑤ 인수·인계서는 준공검사 결과를 포함하는 내용으로 한다.

⑥ 시설물의 인수·인계는 준공검사시 지적사항에 대한 시정완료일부터 14일 이내에 실시하여야 한다.

(3) 준공 후 현장문서 인수인계

① 감리원은 해당공사와 관련한 감리기록서류 중 다음 각 호의 서류를 포함하여 발주자에게 인계할 문서의 목록을 발주자와 협의하여 작성하여야 한다.

- 준공사진첩
- 준공도면
- 품질시험 및 검사성과 총괄표
- 기자재 구매서류
- 시설물 인수·인계서
- 그 밖에 발주자가 필요하다고 인정하는 서류

② 감리업자는 법 제12조의2제3항 및 규칙 제21조의3에 따라 해당 감리용역이 완료된 때에는 15일 이내에 공사감리 완료보고서(규칙 별지 제27호의3서식)를 협회에 제출하여야 한다.

(4) 유지관리 및 하자보수 지침서 검토

1) 유지관리 및 하자보수

① 감리원은 발주자(설계자) 또는 공사업자(주요설비 납품자) 등이 제출한 시설물의 유지관리지침 자료를 검토하여 다음 각 목의 내용이 포함된 유지관리 지침서를 작성, 공사 준공 후 14일 이내에 발주자에게 제출하여야 한다.

㉠ 시설물의 규격 및 기능설명서

㉡ 시설물 유지관리기구에 대한 의견서

㉢ 시설물 유지관리방법

㉣ 특기사항

② 해당 감리업자는 발주자가 유지관리상 필요하다고 인정하여 기술자문 요청 등이 있을 경우에는 이에 협조하여야 하며, 전문적인 기술 등으로 외부 전문가 의뢰 또는 상당한 노력이 소요되는 경우에는 발주자와 별도로 협의하여 결정한다.

2) 하자보수에 대한 의견제시 등

① 감리업자 및 감리원은 공사준공 후 발주자와 공사업자 간의 시설물의 하자

보수 처리에 대한 분쟁 또는 이견이 있는 경우, 감리원으로서의 검토의견을 제시하여야 한다.

② 감리업자 및 감리원은 공사준공 후 발주자가 필요하다고 인정하여 하자보수 대책수립을 요청할 경우에는 이에 협조하여야 한다.

③ 제1항과 제2항의 업무가 감리용역계약에서 정한 감리기간이 지난 후에 수행하여야 할 경우에는 발주자는 별도의 실비를 감리원에게 지급하도록 조치하여야 한다. 다만, 하자사항이 부실감리에 따른 경우에는 그러하지 아니하다.

3장

송전 설비

1 송전설비

"송전용 전기설비" 또는 "송변전설비"란, 송전사업자가 소유 또는 관리하는 송전선로, 변압기, 개폐장치 및 기타 이에 부속되는 전기설비를 말한다.

그림 3-1 전기공사 절차

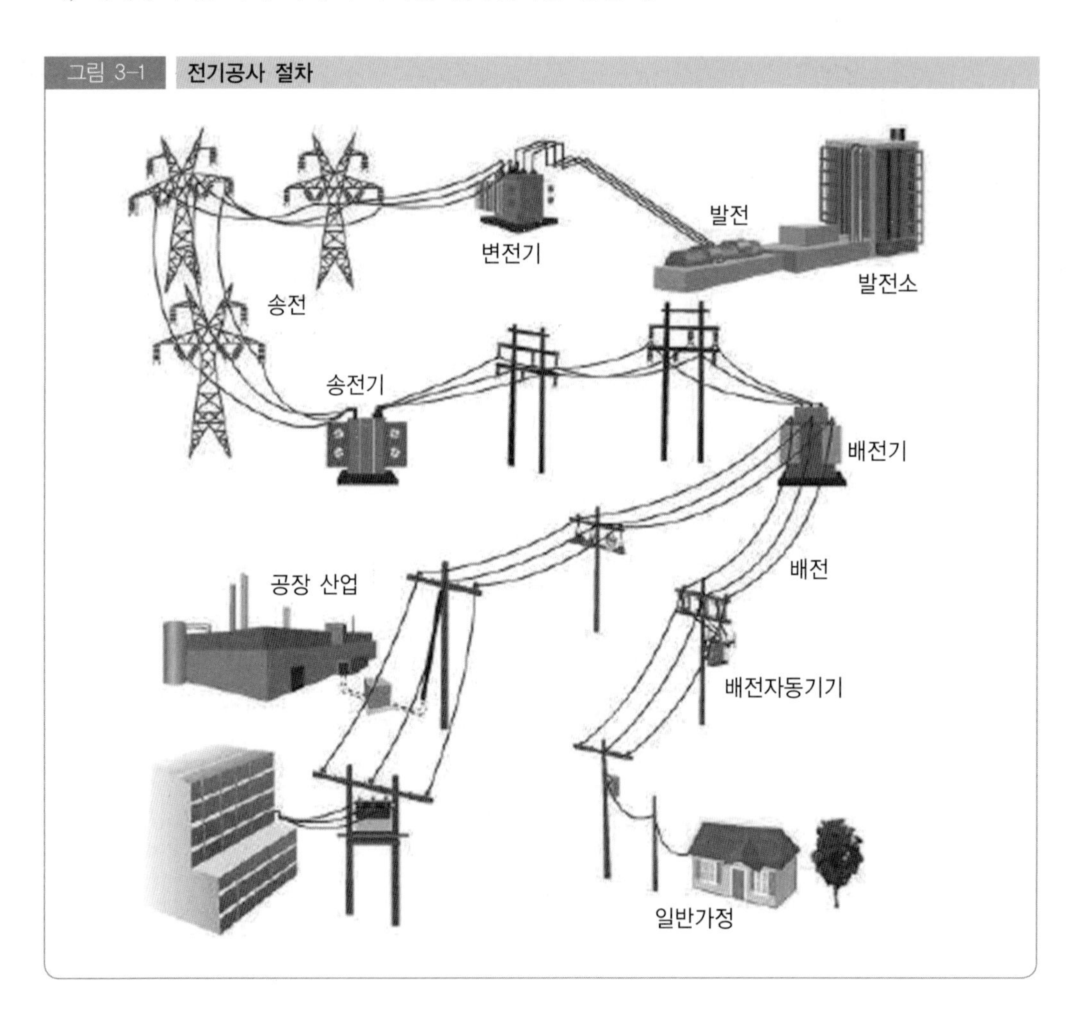

1. 송전설비 기초

(1) 송전의 개요

발전소의 대부분은 도심에서 먼 거리에 위치하고 있다. 그러므로 발전소에서 생산한 전력을 수용가까지 안전하고 효율적으로 수송하기 위한 여러 가지 설비가 필요하다. 발전소에서 발전된 전력을 구내 변전소, 1차 변전소, 2차 변전소, 3차 변전소까지 전선로를 통해 전기를 보내는 것을 송전이라고 한다.

(2) 송전방식 및 전기공급방식

발전소에서 생산된 전력을 부하장소까지 전송하는 방법에는 교류송전방식, 직류송전방식이 있다.

1) 교류송전방식

발전소에서 생산한 전력을 승압하여 전송하는 것이 교류송전방식이다. 발전소에서 생산되는 전력은 모두 교류이므로 변압기를 사용하여 전압의 크기를 바꾸기가 매우 편리하므로, 우리나라에서는 대부분 교류송전방식을 사용하고 있다.

2) 직류송전방식

발전소에서 생산된 교류전력을 직류로 변환하여 전송하고, 수전장소에서 직류를 다시 교류로 변환하는 전력 공급 방식을 직류송전방식이라 한다.

교류송전방식은 자연환경에 노출되어 있어 절연, 송전 효율, 안정도 면에서 결점을 가지고 있다. 그러므로 장거리 대전력 고전압 수송에 부분적으로 직류송전방식이 사용되고 있다. 우리나라에서는 1998년 제주도와 전남 해남간을 해저케이블로 연결하는 공사가 완료되어 직류 180kV로 송전하고 있다.

(3) 송전선로

발전소와 변전소 사이, 변전소와 변전소 상호간에 전력을 전송하는 선로를 송전선로라고 한다. 송전선로는 시설방법에 따라 가공송전선로와 지중송전선로로 크게 나눈다. 그 외에 물밑 송전설비공사(물밑 전력케이블설치공사), 터널내 전선로공사(철도·궤도·자동차도·인도 등의 터널내 전선로공사)등으로 더 세분하여 구분할 수도 있다.

1) 가공송전선로

가공송전선로는 철탑이나 철근콘크리트주 등의 지지물을 이용하여 공중에 전선을 시설하는 것이다. 가공송전선로는 지지물, 전선, 애자, 가공지선 등으로 구성되어 있다. 우리나라에서는 대부분 가공송전선로를 이용하여 송전하고 있다.

2) 지중송전선로

지중송전선로는 전력 케이블을 이용하여 지중으로 전력을 공급하는 선로이다.

전선로 : ① 발전소, 변전소, 개폐소, 상호간 또는 이들과 수용가간을 연결하는 전선 및 이를 지지, 보강하기 위한 설비 전체를 말한다.
② 전선로에는 가공전선로·지중전선로·옥상전선로·수상전선로·수저전선로·터널내전선로 등으로 분류할 수 있다.

이 방식은 가공송전선로에 비하여 안전하고 도시미관이 좋으며, 통신선에 영향을 적게 주는 특징이 있다. 그러나 이 방식은 건설비가 비싸고, 사고발생 시 사고지점 발견 및 수리에 시간이 많이 걸리는 단점이 있다. 최근 들어 대도시나 인구밀집지역의 도시환경개선과 유도장해문제 등의 해결책으로 지중 전선로가 늘어나고 있는 추세이다.

(4) 가공송전선로의 구성

1) 지지물

① 지지물의 종류

- 목주
- 철근콘크리트주
- 철주
- 철탑

② 풍압하중의 종별과 그 적용

㉠ 가공전선로에 사용하는 지지물의 강도계산에 적용하는 풍압하중은 다음의 3종으로 한다.

ⓐ 갑종 풍압하중 : 표 3-1에서 정한 구성재의 수직 투영 면적 1㎡에 대한 풍압을 기초로 하여 계산한 것

ⓑ 을종 풍압하중 : 전선 기타의 가섭선(架涉線) 주위에 두께 6㎜, 비중 0.9의 빙설이 부착된 상태에서 수직 투영면적 1㎡당 372Pa(다도체를 구성하는 전선은 333Pa), 그 이외의 것은 제1호의 풍압의 2분의 1을 기초로 하여 계산한 것

ⓒ 병종 풍압하중 : 제1호의 풍압의 2분의 1을 기초로 하여 계산한 것

㉡ 제1항 각호의 풍압은 가공전선로의 지지물의 형상에 따라 다음과 같이 가하여 지는 것으로 한다.

ⓐ 단주형상의 것

- 전선로와 직각의 방향에서는 지지물·가섭선 및 애자장치에 제1항의 풍압의 1배
- 전선로의 방향에서는 지지물·애자장치 및 완금류에 제1항의 풍압에 1배

ⓑ 기타형상의 것

- 전선로와 직각의 방향에서는 그 방향에서의 전면 결구(結構)·가섭

표 3-1 풍압하중의 종별과 그 적용

풍압을 받는 구분				구성재의 수직 투영면적 $1m^2$에 대한 풍압
목주				588Pa
지지물	철주	원형		588Pa
		삼각형 또는 마름모형		1,412Pa
		강관에 의하여 구성되는 4각형		1,117Pa
		기타		복제가 전후면에 겹치는 경우에는 1,627Pa, 기타의 경우에는 1,784Pa
	철근 콘크리트주	원형		588Pa
		기타		882Pa
	철탑	단주(완철류는 제외함)	원형	588Pa
			기타	1,117Pa
		강관에 의하여 구성되는 것(단주는 제외함)		1,255Pa
		기타		2,157Pa
전선 기타 가접선	다도체(구성하는 전선이 2가닥마다 수평으로 배열되고 또한 그 전선 상호간의 거리가 전선의 바깥지름의 20배 이하인 것에 한한다)를 구성하는 전선			666Pa
	기타			745Pa
애자장치(특별 전선용에 한한다)				1,039Pa
목주·철주(원형에 한한다) 및 철근 콘크리트주의 완금속(특별고압 전선로용에 한한다)				단일재로서 사용하는 경우에는 1,196Pa, 기타의 경우에는 1,627Pa

선 및 애자장치에 제1항의 풍압의 1배

- 전선로의 방향에서는 그 방향에서의 전면 결구 및 애자장치에 제1항의 풍압의 1배

㉢ 제1항의 풍압하중의 적용에 관하여는 다음 각호에 정하는 바에 의한다.

ⓐ 빙설이 많은 지방 이외의 지방에서는 고온계절에는 갑종 풍압하중, 저온계절에는 병종 풍압하중

ⓑ 빙설이 많은 지방(제3호의 지방을 제외한다)에서는 고온계절에는 갑종 풍압하중, 저온계절에는 을종 풍압하중

ⓒ 빙설이 많은 지방중 해안지방 기타 저온계절에 최대풍압이 생기는 지방에서는 고온계절에는 갑종 풍압하중, 저온계절에는 각종 풍압하중과 을종 풍압하중 중 큰 것

㉣ 인가가 많이 연접되어 있는 장소에 시설하는 가공전선로의 구성재 중 다음 각호의 풍압하중에 대하여는 갑종 풍압하중 또는 을종 풍압하중 대신에 병종 풍압하중을 적용할 수 있다.

ⓐ 저압 또는 고압 가공전선로의 지지물 또는 가섭선

ⓑ 사용전압이 35,000V 이하의 전선에 특별고압 절연전선 또는 케이블을 사용하는 특별고압 가공전선로의 지지물, 가섭선 및 특별고압 가공전선을 지지하는 애자장치 및 완금류

③ 철탑

㉠ 사용목적에 의한 분류

– 직선철탑(Straight tower)

선로의 직선 부분이라든가 또는 수평각도 3° 이내의 장소에 사용되는 것으로서 현수애자를 바로 현수상태로 내려서 사용할 수 있는 철탑이다. 이 철탑의 기호를 A로 나타내어 A형 철탑이라고 부르기도 한다.

– 각도철탑(Angle tower)

B형과 C형으로 분류하는데 B형은 수평각도20° 이하의 장소에 사용되는 것이고 C형은 수평각도 20° 이상 30° 이하의 중각도의 장소에 사용되는 것을 말한다.

– 억류철탑(Anchor tower)

전부의 전선을 억류(deadend)에 견디도록 설계한다. 이 철탑의 기호를 D로 나타내어 D형 철탑이라고도 한다. 또, 억류철탑은 선로가 구부러져서 수평각도가 30° 이상으로 되어 각도철탑으로는 충분한 강도를 얻을 수 없는 장소에 세워지는 경우도 있다. 애자련은 내장형을 사용한다.

– 내장철탑(Strain tower)

선로의 보강용으로 세워지는 것으로서, 가령 직선철탑이 다수 연속될 경우에는 약 10기마다 1기의 비율로 이 내장철탑을 세워 나간다. 또, 서로 인접하는 경간의 길이가 서로 크게 달라서 전선에 지나친 불평형 장력이 가해질 경우에는 그 철탑을 내장형으로 하게 되며, 또 장경간의 장소에 사용되는 특수철탑이 직선 또는 경각도 철탑으로 될 경우, 그

부근에는 반드시 내장철탑을 세워서 보강하지 않으면 안 된다. 이 철탑의 기호는 E로 나타내어 E형 철탑이라고 한다.

㉡ 철탑 각부의 명칭

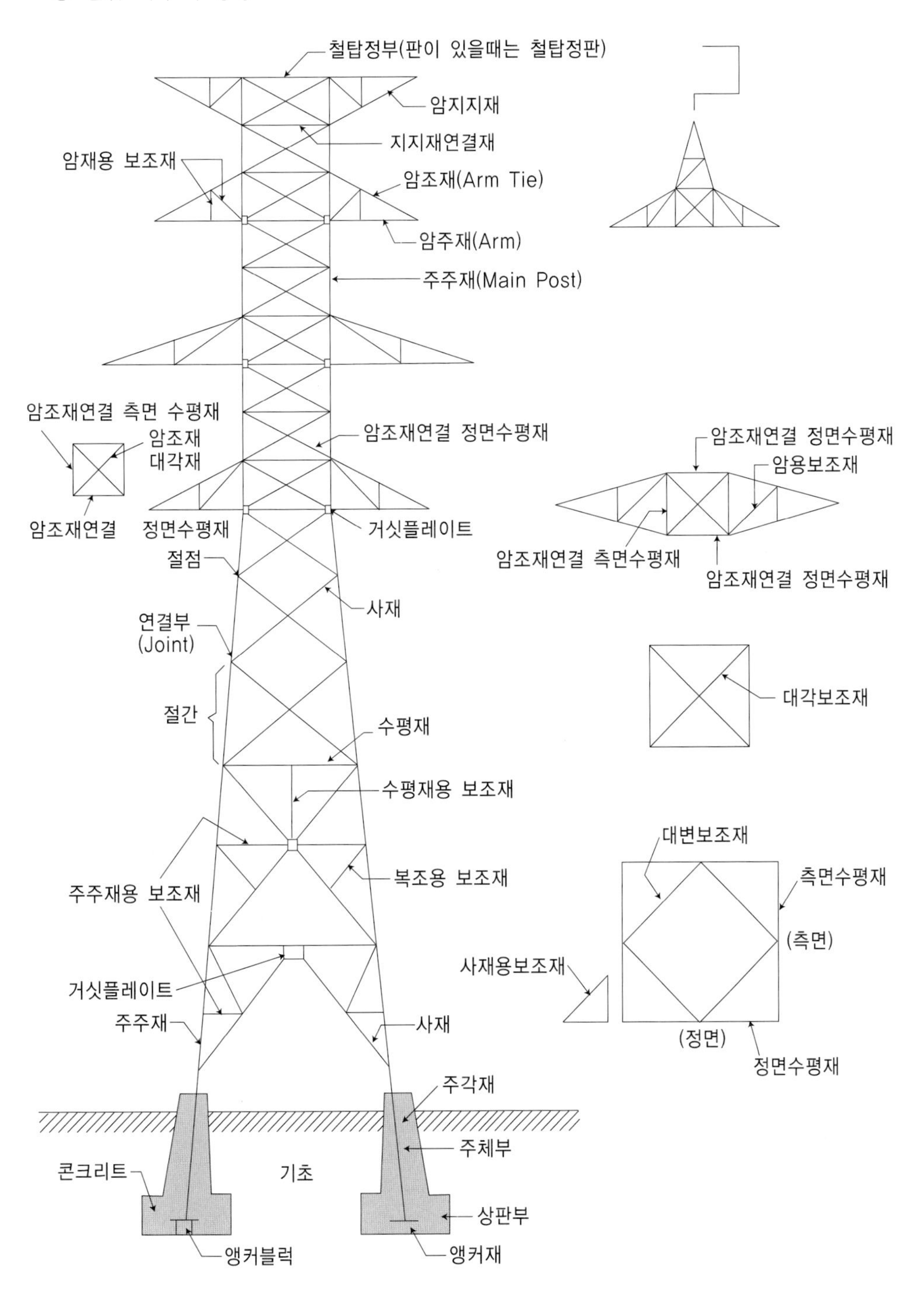

㉢ 철탑접지공사

접지방법에는 분포접지 방식과 집중접지방식이 있으며, 분포접지방식은 탑각에서 방사형으로 매설지선을 포설하여 접지하는 방식이고, 집중접지방식은 탑각에서 10m 떨어진 지점의 분포접지에 직각방향으로 접지하는 방식이다.

그림 3-2 분포접지와 집중접지

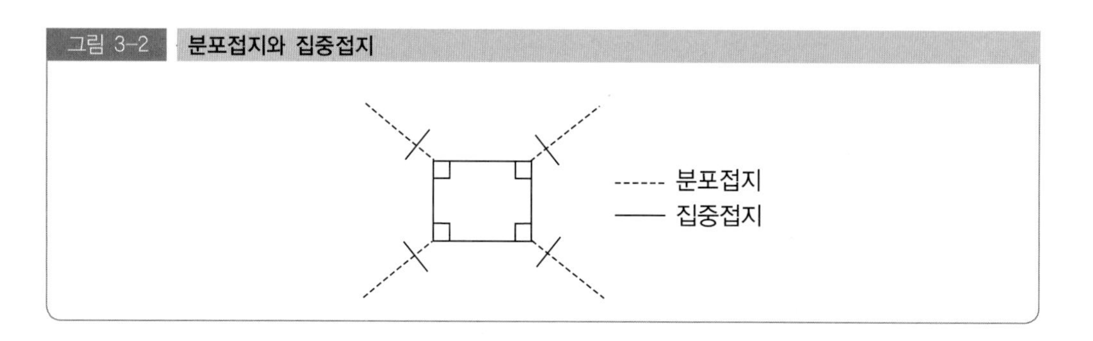

2) 애자

그림 3-3 애자의 형태

① 애자의 설치목적

- 철탑과 전선을 절연
- 전선과 철탑을 견고하게 연결 고정

② 애자의 구비조건

- 선로전압과 이상전압에 대해서도 충분한 절연내력을 가질 것.
- 비, 눈, 안개 등에 대하여서도 충분한 절연저항을 가지고 누설전류도 미소할 것
- 전선 등의 자체 중량 외에 바람, 눈 등에 의한 외력이 더해질 경우에도 충분한 기계적 강도를 가질 것.
- 상규 전압 하에서 코로나 방전을 일으키지 않고 만일 표면에 아크(arc)라든가 코로나가 일어나더라도 파괴되거나 상처를 남기지 않을 것
- 온도변화에 잘 견디고 습기를 흡수하지 말 것.
- 가격이 싸고 내구력이 있을 것

③ 애자의 종류

㉠ 핀애자 : 철강제 핀이 달린 애자로 직선 전선로를 지지하기 위한 곳에 채용

그림 3-4 애자의 종류

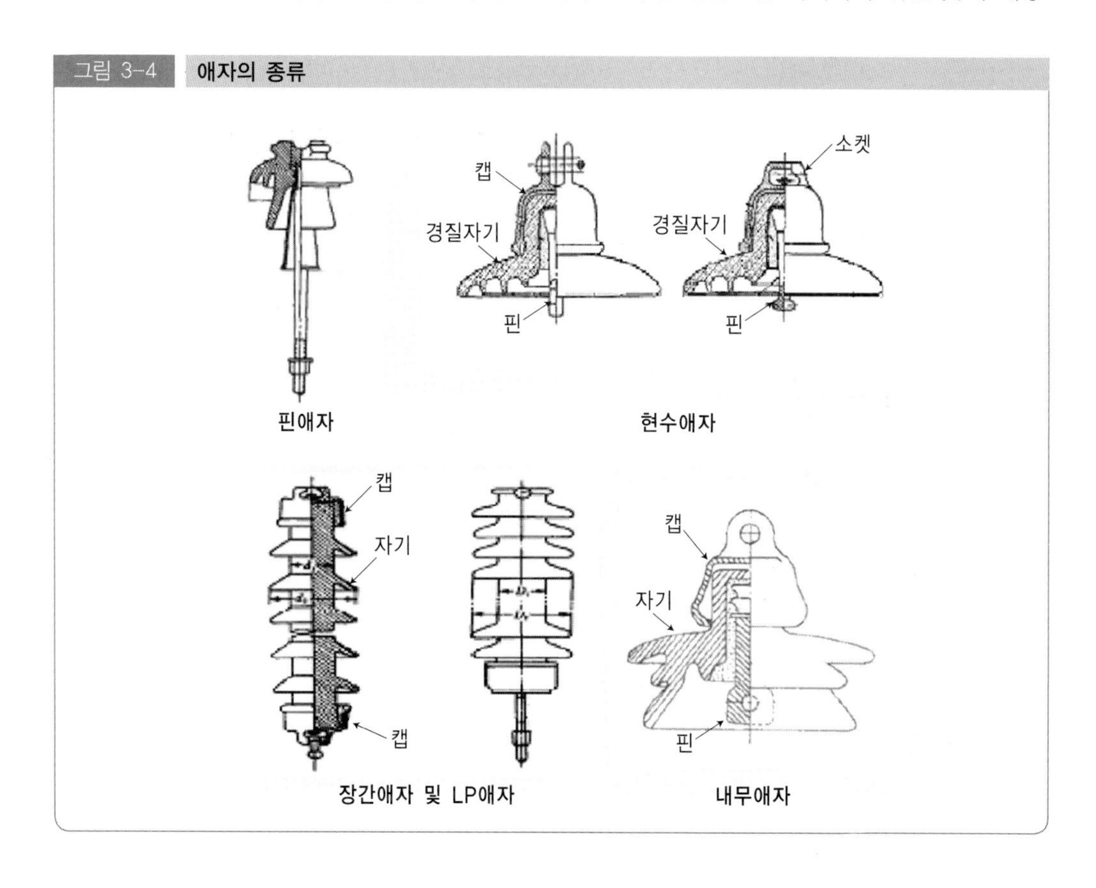

㉡ 현수애자 : 철탑에서 전선을 아래로 늘어뜨려 지지하기 위한 애자로 인류, 분기 장소 등에 채용

㉢ 장간애자 : 장경간이나 해안지역에서의 염진해 대책 및 코로나 방지목적 채용

㉣ 내무애자 : 해안이나 공장지대에서의 염분이나 먼지, 매연 대책용

㉤ 지지애자 : 전선로에서의 점퍼선이나 발·변전소 등에서의 단로기 등을 절연, 지지하기 위한 애자.

㉥ 가지애자 : 배전선로 등에서 전선로의 방향을 전환하는 곳에 채용

⑤ 사용전압에 따른 애자의 색상

- 저·고압용 : 백색
- 특별고압용 : 자주색
- 접지측용 : 청색

⑥ 아킹 혼(Arcing horn : 초호각))

애자 또는 애자련(礙子連)이 플래시오버할 때 아크로 인하여 애자가 손상되는 것을 방지하기 위하여 그것들과 병렬로 설치된 뿔 모양의 전극을 말한다.

그림 3-5 아킹혼 구조

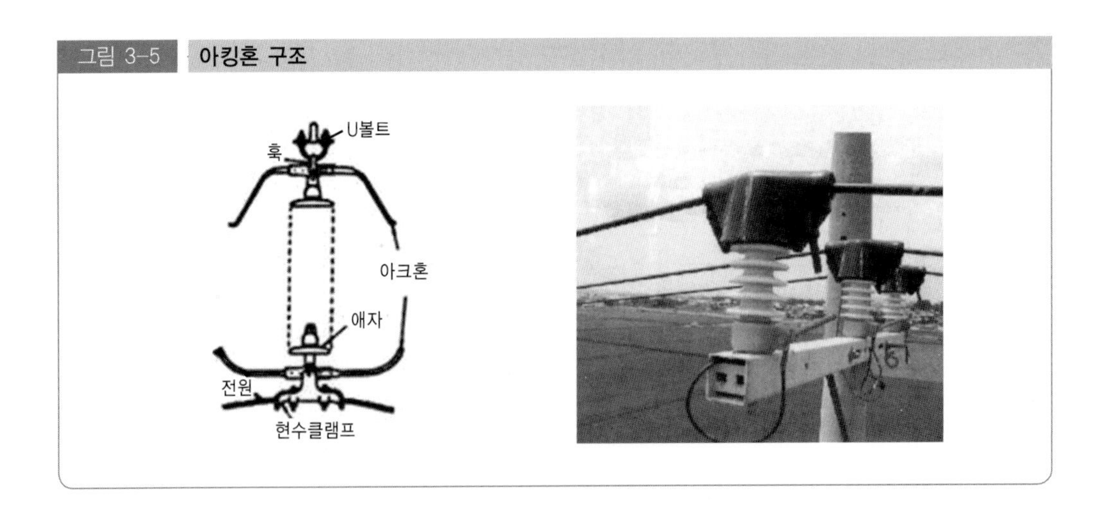

3) 지선

① 지선의 설치목적

- 지지물의 강도보강 (철탑에서는 임시용인 경우만 시설)
- 전선로의 안정성을 증대

② 지선의 종류

- 보통지선(인류지선) : 전선로가 끝나는 부분에 시설하는 지선
- 수평지선 : 도로나 하천 등을 횡단하는 부분에서 지선주를 사용하여 시설하는 지선
- 가공지선 : 직선로에서 선로방향으로 불평균 장력이 발생하는 경우 수평지선의 지선주 대신 인접하는 지지물을 사용하여 시설하는 지선
- 공동지선 : 장력이 거의 같은 인류주, 분기주 또는 곡선로주가 인접하여 있는 경우 양주 간에 공동으로 수평이 되게 시설하는 지선
- Y 지선 : 다수의 완금을 설치하거나 장력이 큰 경우 또는 H주등에 시설하는 지선
- 궁지선 (A,R) : 주위의 건조물 등으로 인하여 지선의 밑넓이를 충분히 넓게 할 수 없는 경우에 시설하는 지선

③ 지선의 구비조건

- 안전율 (여유계수)은 2.5 이상일 것(단 목주나 A종은 1.5 이상)
- 소선은 지름 2.6㎜ 이상의 금속선을 3조 이상 꼬아서 시설할 것 (단, 인장강도 70kg/㎟ 이상인 아연도금강연선은 2.0㎜ 이상)
- 허용인장하중의 최저는 440kg 이상일 것.
- 지중의 부분 및 지표상 30㎝까지의 부분은 아연도금한 철봉 등을 사용할 것
- 도로횡단 시 지선의 높이는 5m 이상으로 할 것

4) 전선

① 전선의 구비조건

- 도전율이 클 것
- 기계적 강도가 클 것
- 가요성이 클 것
- 내구성이 클 것
- 가격이 싸고 대량생산이 가능할 것
- 신장율(팽창율)이 클 것
- 비중이 작을 것(중량이 가벼울 것)

② 구조에 따른 분류

- 단선 : 원형, 각형 등, 지름(mm)으로 호칭 (1.6mm, 2.2mm 3.2mm)
- 연선 : 단선을 여러 가닥 꼬아 만듦, 단면적(mm^2)으로 호칭 ($125mm^2$, $250mm^2$ 등)

송전설비

그림 3-6 연선, 중공연선의 단면

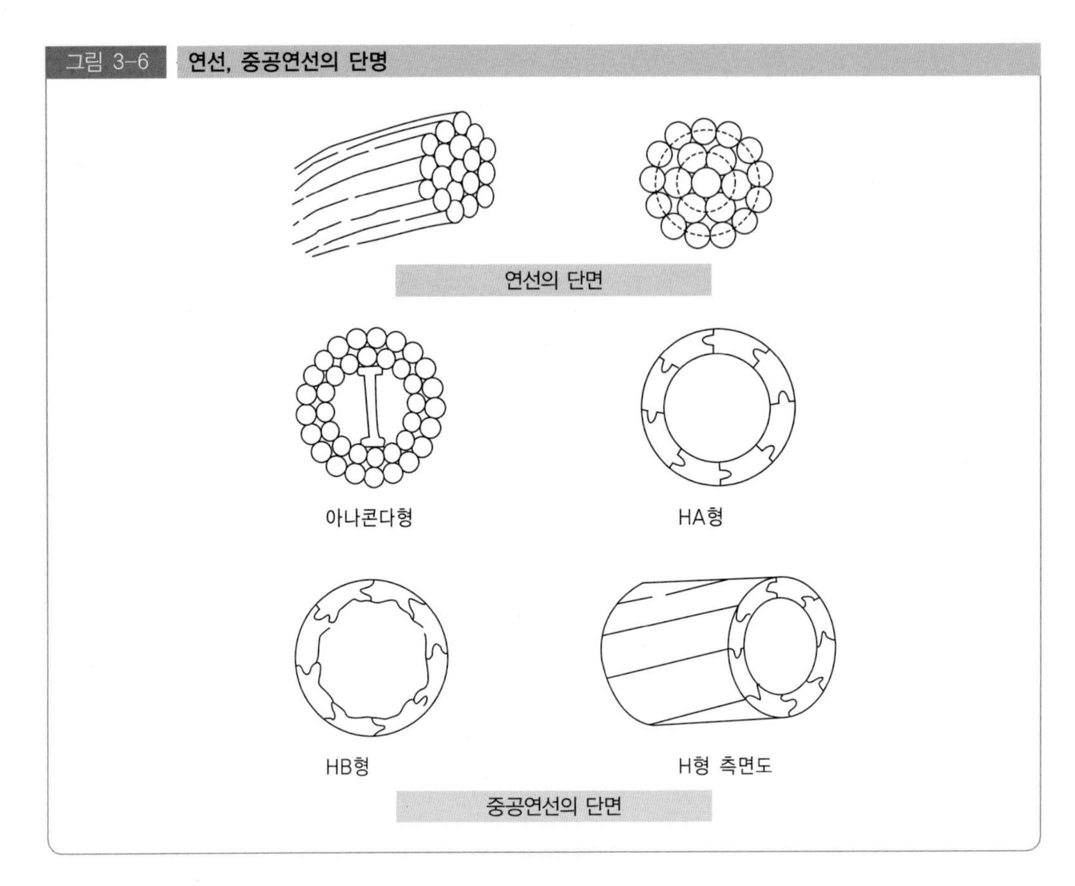

- 중공연선 : 전선의 직경을 크게하여 전선표면의 전위경도를 낮춤으로써 코로나 발생을 억제, 표피효과(Skin effect)감소, 중량감소 등

③ 재료에 의한 분류

- 동선 : 경동선(옥외용), 연동선(옥내용)
- 경알루미늄연선 (옥내용)
- 강심알루미늄연선(ACSR) : 장경간 송전선로, 온천지역 채용, 코로나 방지 목적.
- 합금선 : 규동선 (Cu+Si), 카드뮴동선(Cu+Cd), 알루미늄합금선(Al+Mg)
- 쌍금속선(동복강선) : 장경간 송전선로, 가공지선(뇌해방지 목적)채용

④ 조합에 의한 분류

㉠ 단도체, 복도체(2도체, 3도체, 4도체 등)

㉡ 복도체로 하면

- 표피효과[2)]가 적어 송전용량 증가
- 인덕턴스 감소 및 정전용량 증가로 송전용량 증가
- 표면전위경도 완화로 코로나 발생 억제
- 안정도 향상
- 건설비가 비싸다

⑤ 전선의 굵기 선정

- 전선의 굵기 선정 시 고려사항 : 허용전류, 전압강하, 기계적강도
- 송전선의 전선굵기 결정 :허용전류, 전압강하, 기계적강도, 전력손실(코로나손), 경제성

⑥ 전선의 하중

㉠ 빙설하중

전선 주위에 두께 6mm, 비중 0.9g/cm^{3}의 빙설이 균일하게 부착된 상태에서의 하중을 말한다.

W_i= 0.017(d+6) (kg/m) (d : 전선의 바깥지름)

㉡ 풍압하중

철탑설계 시의 가장 큰 하중이다.

- 고온계 (빙설이 적은 곳) : $W_a = Pkd \times 10^{-3}$kg/m
- 저온계 (빙설이 많은 곳) : $W_\omega = Pk(d \times 12) \times 10^{-3}$kg/m

㉢ 합성하중

- 고온계 (W_i=0)

  합성하중 : $W = \sqrt{(W_a + W_i)^2 + W_\omega^2}$

  전선의 부하계수 : $\dfrac{\sqrt{(W_a + W_i)^2 + W_\omega^2}}{W_a}$

- 저온계 : (W_i 고려)

  합성하중 : $W = \sqrt{(W_a + W_i)^2 + W_\omega^2}$

  전선의 부하계수 : $\dfrac{\sqrt{(W_a + W_i)^2 + W_\omega^2}}{W_a}$

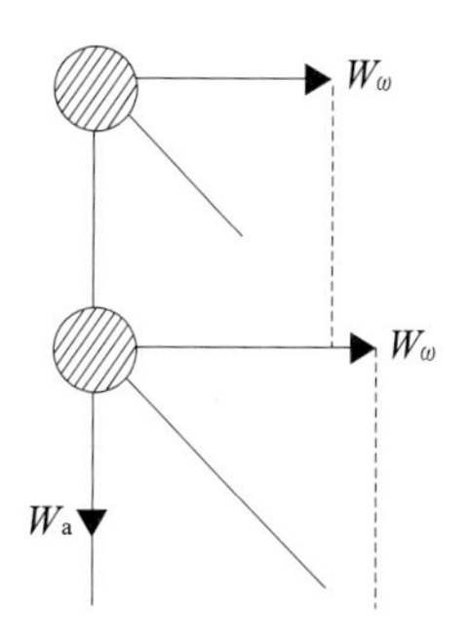

2) 전선의 표피효과 : 전류가 중심보다 표면으로 흐르는 효과

⑥ 전선의 보호

㉠ 전선의 진동방지(댐퍼 : Damper)

- Stock bridge damper : 전선의 좌·우 진동방지
- Torsional damper : 전선의 상·하 도약 현상방지
- Bate damper : 클램프[3] 전후에 첨선을 감아 진동을 방지하는 것.

㉡ 전선 지지점에서의 단선방지 : 아머로드(Armor rod)[4]

㉢ 전선의 도약[5]

피빙도약에 의한 상·하부 전선의 단락사고 방지하기 위하여 전선의 수직 배치인 개소에 오프셋(off-set)[6]을 한다.

그림 3-7 전선의 보호

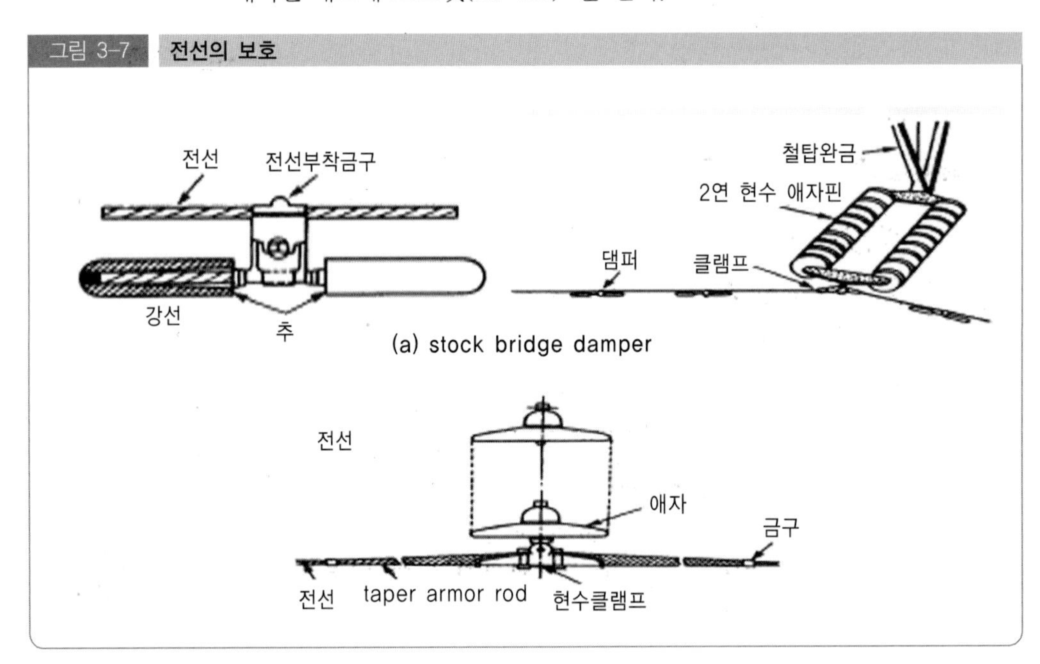

5) 전선의 이도

이도(Dip)란 전선자체의 중량으로 인해 전선이 밑으로 처진 정도를 나타내는 곡선을 말하며, 가공송전선로에서 전선을 느슨하게 하여 약간의 이도(dip)를 취한다.

---

3) 클램프 : 전선 접속물 금구류
4) 아머로드(Armor rod) : 클램프로 파악된 부분의 전선이 소선(素線)으로 절단되는 것을 방지하기 위하여 감아 붙이는 전선과 같은 종류의 재료로 된 보강선이다.
5) 도약 : 전선 위의 눈이 녹으며 전선이 위로 튀는 것
6) 오프셋(off-set) : 전선의 도약에 의한 단락사고를 방지하기 위하여 전선의 배열을 위, 아래 전선 간에 수평으로 간격을 두어 설치하는 것.

① 이도에 의한 영향으로 지지물의 높이가 좌우된다.
② 전선의 좌우 진동 시 다른 전선 또는 수목에 접촉이 우려된다.
③ 이도가 너무 작으면 전선의 수평장력이 커져 단선이 된다.

이도 : $D = \dfrac{WS^2}{8T}$ (m)

T : 최저점에서의 수평장력
W : 합성하중
S : 경간

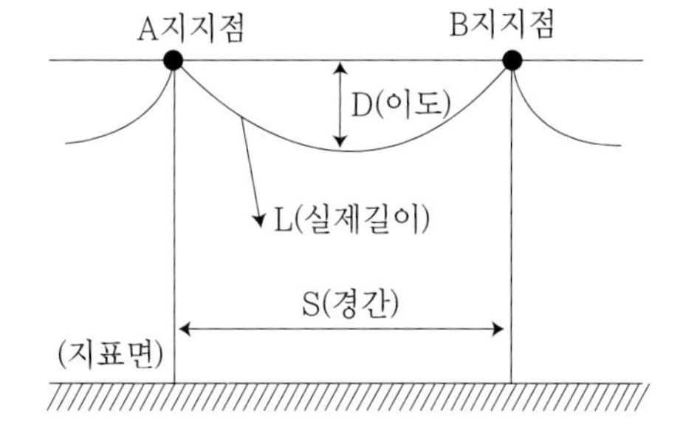

(5) 송전전압

송전계통의 전압은 기간 송전망이 345kV, 지역 송전망은 154kV와 66kV로 구성되어 있으나, 66kV는 점차 폐지되고 있다. 최근에는 경인지역의 급증하는 전력수요를 충족시키기 위하여 송전전압을 765kV로 승압하기 위한 작업이 한창 진행 중이다.

(6) 선로정수, 코로나

1) 송전선로의 선로정수(line constant, 線路定數)

송전선의 전기적 특성을 나타내는 정수로서, 선로의 저항(R), 인덕턴스(inductance, L), 정전용량(capacitance, C) 및 누설 컨덕턴스(conductance, G). 이들 값은 선로의 종류, 굵기, 배치 등에 따라 결정된다.

2) 코로나 현상

송전선로의 인가전압이 직류 30kv/cm이거나 교류 21kv/cm(직류 30kv/cm를 교류의 실효값으로 환산하면 21kv/cm 나온다.) 이상이 되면 공기의 절연이 파괴되어 전선 주변에서 빛과 소리(전선 주변에서 지지직거리는 소리)를 내는 국부방전 현상을 말한다.

① 코로나 현상에 의한 영향

- 코로나 손실발생
- 고조파 방해, 전파방해
- 소호 리액터의 소호능력저하
- 오존에 의한 전선부식

② 방지대책

- 굵은 전선을 사용한다.
- 복도체를 사용한다.
- 가선금구(애자와 전선을 묶는 기구)를 개량한다.

(7) 유도장해(誘導場害 , Inductive obstruction)

전력선에 근접하는 통신선이 전력선에서 받는 유도전압에 의하여 통신회선에 잡음이 생기거나, 통신선과 대지 간에 위험전압이 생기는 것으로, 유도전압에는 정전유도에 의한 것과 전자유도에 의한 것이 있다.

① 정전유도장해

㉠ 원인 : 송전선의 영상전압과 통신선의 상호 정전용량의 불평형에 의해 통신선에 유도되는 전압(평상시 발생)

㉡ 대책

- 송전선로의 완전 연가한다.
- 전력선과 통신선의 이격거리를 증대(50m 이상)시킨다.
- 통신선을 케이블화하여 외피접지를 한다.

② 전자유도장해

㉠ 원인 : 전력선과 통신선의 상호인덕턴스에 의해 유도되는 전압

㉡ 대책

- 직류송전을 한다.
- 전력선과 통신선의 이격거리를 증대시킨다.
- 소호리액터접지를 채용한다.
- 차폐선을 설치한다.
- 통신선측에 성능 좋은 피뢰기를 설치한다.
- 배류코일을 사용한다.
- 전력선과 통신선을 교차 배치한다.

(8) 연가(Transposition)

일반적인 3상3선식 선로에서는 각 전선의 선간거리와 지표상의 높이도 다르게 되어 각 상당 인덕턴스와 정전용량의 값이 다르게 된다. 따라서 송전단에서 대칭전압을 인가하더라도 수전단에서는 비대칭 전압이 되게 된다. 이것을 방지하기 위해서 3의 배수로 등분하여 개폐소나 연가용 철탑을 이용하여 각 상별 전선의 배치가 서로 평형이 되도록 한다. 이것이 연가이다.

그림 3-8 3상3선식 선로의 연가

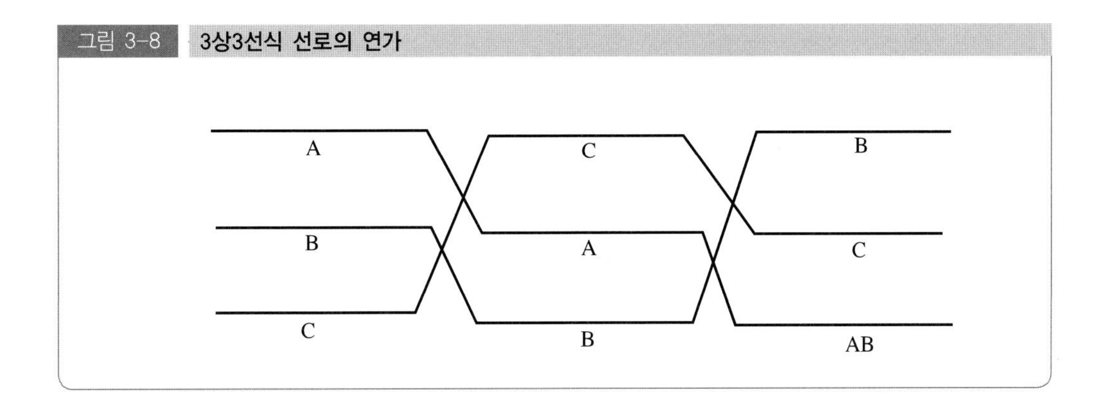

2. 배전설비 기초

(1) 배전의 의의

배전(power distribution)은 송전선로를 거쳐 배전용 변전소에 수송된 전력을 각 수용가에서 사용하기 알맞은 전압으로 낮추어 전력을 공급하는 것을 말한다. 이때 배전에 사용되는 전선로를 배전선로(distribution line)라고 한다. 배전선로는 대부분 지상을 경과하는 가공 배전선로로 구성되어 있으나, 대도시 및 신도시를 중심으로 지중을 지나는 지중배선선로가 증가추세이다.

1) 배전계통

송전선로를 통하여 송전된 전력을 배전용 변전소에서 수용가에 직접 전력을 공급하는 설비를 배전계통이라고 한다. 배전계통은 주상 변압기와 같은 배전용 변압기를 중심으로 고압배전선로, 저압배전선로로 나누어진다.

① 고압배전선로

고압배전선로는 배전용 변전소에서 주상 변압기와 같이 수용가에 알맞은 전압으로 낮추기 위한 배전용 변압기에 이르는 선로를 말한다.

② 저압배전선로

저압배전선로는 배전용 변압기에서 각 수용가에 이르는 저압선로를 말한다.

2) 배전방식

전기방식에서는 부하의 접속방법에 따라서 직렬식과 병렬식이 있는데, 특별한 경우를 제외하고는 병렬식이 사용된다. 또 직류식과 교류식이 있는데, 교류식이 일반적으로 사용된다.

교류배전방식에는 단상2선식, 단상3선식, 3상3선식, 3상4선식 등이 있다. 종래에는 특별고압선로에는 3상4선식(11.4kV, 22.9kV), 고압선로에는 3상3선식

(3.3kV, 6.6kV)을 사용하였다. 그러나 최근에는 전력손실 및 전압강하를 줄이기 위해 3상4선식 22.9kV 전압을 많이 사용하고 있다. 표 3-2는 배전방식과 공칭 전압을 나타낸 것이다.

표 3-2 **교류 배전방식별 공칭 전압**

방식 / 전압	공칭전압 [V]	배 전 방 식 별 전 압 [V]			
		단상2선식	단상3선식	3상3선식	3상4선식
저 압	110	110	110	–	–
	220	220	220	220	220
	380	220	–	–	220/380
	440	440	440	–	–
고 압	3,300	3,300	–	3,300	–
	5,700	3,300	–	–	3,300/5,700
	6,600	6,600	–	6,600	–
특별고압	11,400	6,600	–	–	6,600/11,400
	22,900	13,200	–	–	13,200/22,900

저압선로의 배전방식에는 단상2선식 단상3선식, 3상3선식, 3상4선식 등이 있다.

① 단상2선식

단상2선식(220V)은 단상교류전력을 전선 2조로 배전하는 방식이다. 이 방식은 일반 주택이나 사무실, 공장 등에서 전등이나 소형기기의 전원으로 널리 사용되는 방식이다.

② 단상3선식

단상3선식(110/220V)은 단상교류전력을 전선 3조로 배전하는 방식이다. 이때, 가운데의 선을 중성선이라 하며, 전압선과 중성선 사이에는 110V가 나타나고, 두 전압선 사이에는 220V가 나타난다. 특히 중성선에는 퓨즈를 넣지 않고 구리선을 연결하여 사용한다.

③ 3상3선식

3상3선식(220V)은 3상교류를 3조의 전선을 사용하여 220V로 3상부하에 전원을 공급하는 배전방식이다. 이 방식은 공장이나 대형 빌딩의 동력부하에 널리 사용한다.

④ 3상4선식

3상4선식(220/380V) 은 빌딩이나 공장 등에서 사용되는 방식으로서 3조의 전압선과 하나의 중성선으로 배전하는 방식이다. 이 방식은 전압선과 중성선 사이에 220V가 나타나서 조명에 사용된다. 또한 전압선과 전압선 사이에 380V가 나타나서 동력용으로 사용된다.

3) 배전전압의 승압

생활수준이 향상되면서 가전제품의 보급이 늘어나고, 전기 사용량도 증가하여 옥내배선을 할 때 더욱 굵은 전선이 필요하게 되었다. 이에 따라 전선의 교체 없이 전력손실을 줄이고, 전력품질이 좋은 전기를 사용하기 위해서 전압의 승압이 필요하게 되었다. 따라서 전등전압은 110V에서 220V로, 동력전압은 220V에서 380V로 전압을 높이는 승압공사가 대부분 완성되었다.

① 승압의 효과

- 전압강하 및 전력손실의 감소
- 공급 전력량의 증대
- 용량이 큰 전기제품 사용이 쉬워진다.

② 가정용 전기의 220V 승압에 따른 안전대책

단상2선식으로 220V를 공급받는 수용가에서는 전선로와 대지 사이의 전압이 110V에서 220V로 되어 전기를 사용할 때 매우 위험하다. 따라서 220V 수용가의 인입구에 반드시 누전차단기를 시설하도록 되어 있다.

4) 배전전압의 계획·설계

배전선로를 계획하고 설계하기 위하여는 그 지역 수용가의 종류 및 수와 부하밀도를 알아야 할 뿐 아니라, 장래의 발전에 대한 전망과 부하의 시간적 변화를 고려하여야 한다. 그러므로 수요율(최대 수요전력의 설비전력에 대한 비율을 백분율로 나타낸 것), 부등률(不等率:각각의 부하의 최대 수용전력의 합과 합성 최대 수용전력과의 비) 및 부하율(負荷率:평균전력과 최대수용전력과의 비를 백분율로 나타낸 것)이 배전계획의 기초가 된다.

3. 변전설비 기초

(1) 변전의 의의

전력회사로부터 특고압 또는 고압으로 수전한 전력을 부하설비의 종류에 알맞은 전압으로로 변성하기 위한 변압기, 배전반, 각종 안전개폐장치, 계측장치 등의 수변전장치와 이들을 수납하기 위한 수변전실(큐비클을 의미) 등으로 구성되어 있다.

① 수전설비 : 수전점에서 변압기 1차까지의 기기구성

② 변전설비 : 변압기에서 전력부하설비의 배전반까지의 기기구성

(2) 변전소

1) 변전소의 의의

발전소에서 생산한 전력을 송전선로나 배전선로를 통하여 수요자에게 보내는 과정에서 전압이나 전류의 성질을 바꾸기 위하여 설치하는 시설이 있는 장소를 말한다.

2) 변전소의 분류

발전전압을 송전전압으로 높이는 승압(昇壓)변전소와 송전전압을 낮추는 강압(降壓)변전소가 있다. 강압 변전소는 다시 그 기능에 따라 송전전압을 더 낮은 송전전압으로 낮추는 1차 변전소와 송전전압을 배전전압으로 바꾸는 2차 변전소로 나눈다.

또한 변전소를 건설하는 형태에 따라 건물내부에 기기를 설치하는 옥내 변전소와 옥외에 기기를 설치하는 옥외 변전소로 나누며, 대도시에서는 옥내 변전소가 많이 건설된다.

3) 변전소의 설비

변압기, 단로기(disconnector), 차단기, 조상설비(調相設備), 피뢰기(避雷器), 배전반 등으로 구성된다.

(3) 변압기(Electric transformer, 變壓器)

1) 변압기의 의의

변압기란 전자기유도현상을 이용하여 교류의 전압이나 전류의 값을 변화시키는 장치로서 전력회사에서 수용가로 공급할 때 송전효율을 높이기 위해 승압하거나 송전해 준 전력을 수용가가 사용할 전압에 맞게 강하시키기 위해 사용하는 전기설비에 가장 중요한 기기이다.

변압기의 주요 구성부는 권선, 철심, 외함, 부싱, 콘서베이터(conservator, 절연유 열화방지장치) 등이다.

2) 변압기의 종류

① 상수에 의한 분류

- 단상변압기
- 3상변압기

② 냉각방식에 따른 분류

- 유입변압기

  절연유가 담긴 탱크속에 권선을 담근 구조로 제작된다. 가격이 저렴하며 제작하기 쉽기 때문에 소용량에서 대용량까지 널리 사용된다.
- 건식변압기

  절연유 대신 고체 절연체를 사용하여 절연을 유지한다. 화재예방을 위해 건물에 사용하였다. 소용량 강압용 변압기에 주로 사용된다.
- 몰드변압기

  고압 및 저압 권선에 에폭시로 몰드한 방식의 변압기이다. 난연성, 무보수화, 에너지절약 등의 이점이 있지만 인출부 절연과 방열에 문제로 고전압 대용량화가 어렵다.

③ 내부 구조에 따른 분류

- 내철형(Core Form Transformer) : 동심배치, 절연용이, 대전압변압기
- 외철형(Shell Form Transformer) : 교호배치, 누설 자속 소, 대전류변압기

3) 변압기 손실과 효율

변압기는 전기기기 중에서 가장 효율이 좋은 기기인 반면(98% 이상) 항상 가동되고 있기 때문에 가장 손실이 많이 생기는 기기이기도 하다. 따라서 약간의 손

그림 3-9 변압기의 내부구조에 따른 분류

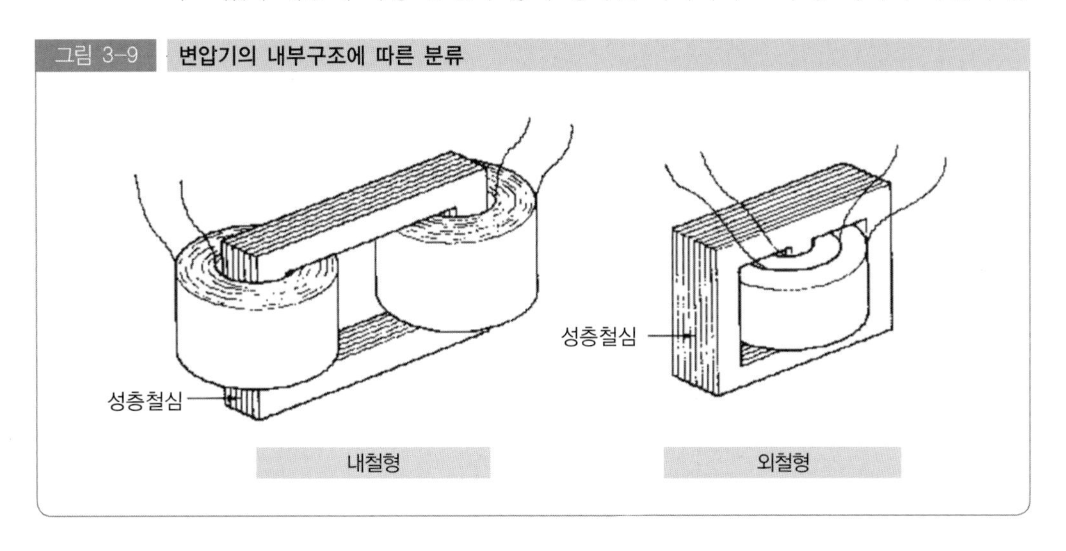

실향상만으로도 전력손실에 주는 파급효과가 크므로 고효율 선정 및 전력에너지 절약에 중점을 두어서 운영할 필요가 있는 기기이다.

① 변압기의 손실

부하전류의 대소에 관계없는 무부하손과 부하전류에 관계되는 부하손이 있다.

㉠ 무부하손 : 철심 중의 히스테리시스손이나 와전류손, 즉 철손과 여자전류에 의한 저항손과 절연물 중의 유전체손이 있지만 그 대부분은 철손이 점유하고 있다.

㉡ 부하손 : 부하전류에 의한 권선 중의 저항손 즉 동손과 누설자속에 의한 권선, 조임금구, 외함 등에 발생하는 표유 부하손이 있지만 대부분은 동손이 점유하고 있다.

㉢ 전손실 : 변압기의 손실에서는 철손 Wi와 동손 Wc 이외의 손실은 매우 작기때문에 일반적으로 이 두 개의 손실을 가지고 변압기의 전손실로 간주한다.

㉣ 대책

- 동손의 감소대책 : 동손의 권선수 감소, 권선의 단면적 증가
- 철손의 감소대책 : 저손실 철심재료, 고배향성 규소강판, 아몰퍼스 변압기 사용(부피커짐), 철심구조변경

② 변압기 효율

임의의 출력에 있어서의 효율은

$$\eta = \frac{\text{출력}}{\text{입력}} = \frac{\text{출력[W]}}{\text{출력[W]} + \text{부하손[Wc]} + \text{두부하손[Wi]}} \times 100[\%]$$

가 된다. 단 부하손은 75℃로 환산한 것이다.

변압기의 효율은 그림 3-10의 그래프와 같이 부하율에 의해서 변화한다. 부하율에 관계없이 일정한 무부하손과 부하율의 제곱에 비례하는 부하손이 같게 되었을 때 최고효율이 된다. 최고효율이 되는 부하율은 보통 변압기에서는 약 40~60%이다. 배전용 주상변압기 등은 부하의 변동이 크고 전부하 부근에서 사용하고 있는 것은 짧은 시간 동안이며 경부하 또는 무부하의 상태에서도 철손은 항상 소비하고 있다. 이와 같은 변압기에서는 보통의 효율 이외에 1일 중의 총합(總合)출력과 입력의 관계를 나타내는 전일효율을 고려한다.

그림 3-10 **변압기 효율**

$$\text{전일효율} = \frac{Wh}{Wh+Wch+24Wi} \times 100[\%]$$

W : 부하시간 내의 출력의 평균치
Wi : 철손
Wc : 평균출력시의 동손
h : 부하시간

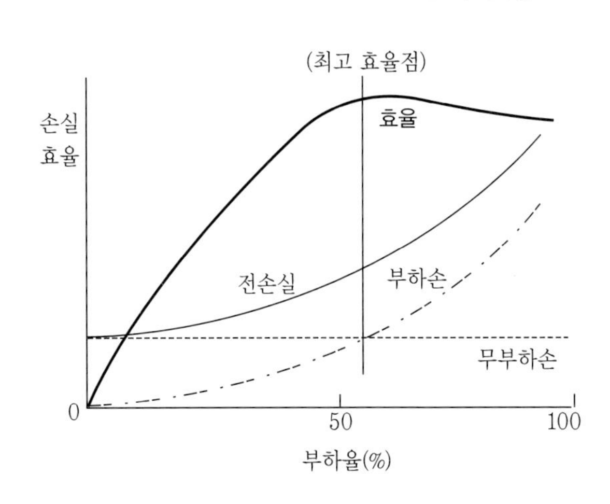

③ 변압기 최대효율 운전조건 산출

변압기에서 최고효율 운전조건을 산출하는 것은 위 그림에서 손실이 최소가 되는 부하율을 찾는 문제로, 위 그림에서 이것을 찾는 조건은 η_{max}는 $\frac{d}{dm}\eta=0$ 되는 조건이다.

즉 위 그래프에서 부하율에 대한 미분방정식이 0이 되는 조건을 찾으면 된다.

$$\frac{d}{dm}\eta = \frac{d}{dm}\underbrace{(mP_0\cos\theta)}_{x}\underbrace{(mP_0\cos\theta+W_4+m^2W_C)^{-1}}_{y}=0$$

미분방정식의 미분방법은

(xy)′=x′y + xy′이므로 이를 이용하여 위 식을 부하율에 대해서 미분하면

$$\frac{d}{dm}\eta = \frac{d}{dm}(mP_0\cos\theta)(mP_0\cos\theta+W_i+m^2W_C)^{-1}=x'y+xy'$$

$$= P_0\cos\theta(mP_0\cos\theta+W_i+m^2W_C)^{-1}$$
$$-mP_0\cos\theta(mP_0\cos\theta+W_i+m^2W_C)^{-2}\times(P_0\cos\theta+2mW_C)=0$$

그러므로 위 식을 잘 정리하면,

$$\frac{mP_0\cos\theta}{mP_0\cos\theta+W_i+m^2W_c}=\frac{mP_0\cos\theta(P_0\cos\theta+2mW_c)}{(mP_0\cos\theta+W_i+m^2W_c)^2}=0$$ 는 아래식으로

$$\frac{mP_0\cos\theta}{mP_0\cos\theta+W_i+m^2W_c}=\frac{mP_0\cos\theta(P_0\cos\theta+2mW_c)}{(mP_0\cos\theta+W_i+m^2W_c)^2}=0$$ 이식의 양변을

$(mP_0\cos\theta+W_i+m^2W_c)^2$ 으로 곱하면,

$$P_0\cos\theta(mP_0\cos\theta+W_i+m^2W_c)=mP_0\cos\theta(P_0\cos\theta+2mW_c)$$

$$(mP_0\cos\theta+W_i+m^2W_c)=(P_0\cos\theta+2mW_c)$$

$$mP_0\cos\theta+W_i+m^2W_c=mP_0\cos\theta+2m^2W_c$$

그러므로 이 식을 정리하면

$$W_i+m^2W_c=2m^2W_c$$

$$\therefore\ W_i=m^2W_c \Rightarrow m^2=\frac{W_i}{W_c} \Rightarrow m=\sqrt{\frac{W_i}{W_c}}$$

즉 부하율 m이 $m=\sqrt{\frac{W_i}{W_c}}$ 되는 조건을 만족하는 변압기의 평균부하율로 운전할 때 변압기에서 가장 작은 손실이 야기된다.

그러므로 가급적 부하손과 무부하손이 같도록 운전하는 것이 유리하며 변압기마다 틀리지만 대략 변압기는 75% 정도에서 가장 효율이 좋다. 그러나 그렇지 않은 경우도 많으므로 제작 시 이것을 검토해보는 것이 좋다.

4) 변압기의 결선

①

△-△ 결선

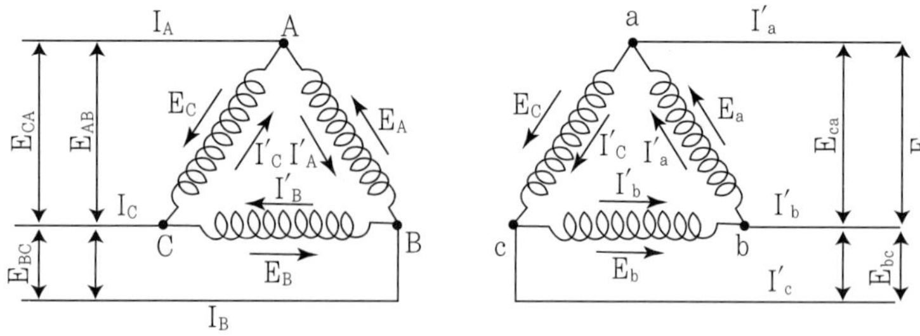

변압기 1차 및 2차 권선이 모두 △결선으로 한 방식이다.

선간전압과 상전압은 크기가 같고 동상이 된다.

선전류는 상전류에 비해 크기가 $\sqrt{3}$ 배이고 위상은 30° 뒤진다.

㉠ 장점

- 제3고조파 전류가 △결선 내를 순환하므로 정현파 교류전압을 유기하여 기전력의 파형이 왜곡되지 않는다.

체크포인트

변압기 효율 1

실측효율 : 입력, 출력의 실측값으로 부터 계산

$$\text{실측효율} = \frac{\text{출력의 측정값}}{\text{입력의 측정값}} \times 100[\%]$$

규약효율 : 일정한 규약에 따라 결정한 손실값

$$\text{규약효율} = \frac{\text{출력}[kW]}{\text{출력}[kW] + \text{손실}[kW]} \times 100[\%]$$

$$= \frac{\text{입력}[kW] - \text{손실}[kW]}{\text{입력}[kW]} \times 100[\%]$$

변압기 효율 2

전일효율 : 부하가 변동할 경우 효율을 종합적으로 판단할 때에 사용

$$\text{전일효율} = \frac{\text{1일간의 출력 전력}[kW]}{\text{1일간의 출력 전력량}[kW] + \text{1일간의 손실 전력량}[kW]} \times 100[\%]$$

$$= \frac{P_d}{P_d + (P_i \times 24) + P_{cd}} \times 100[\%]$$

여기서, P_d: 1일 중의 출력 전력량[kWh]

P_i : 변압기의 철손[kW]

P_{cd}: 변압기의 동손(1일중의 손실전력량)[kW]

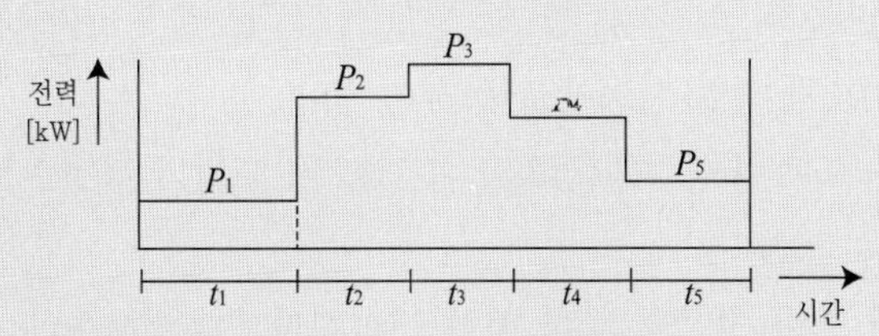

1일간의 출력 전력량 $P_d = P_1t_1 + P_2t_2 + P_3t_4 + P_4t_4 + P_5t_5$[kWh]

변압기 효율 3

손실전력량은 부하와 관계없이 일정한 철손 전력량과 부하의 제곱에 비례하는 동손 전력량이 있음. 철손을 WikW, 전부하 동손을 WckW, 변압기의 정격 용량을 P(kW=kVA(역률이 1.0일 경우)라고 하면 1일(24시간)의 손실 전력량은

철손 전력량 $P_{id} = W_i \times 24$[kWh]

동손 전력량 $P_{cd} = W_c\left[\left(\frac{P_1}{P}\right)^2 t_1 + \left(\frac{P_2}{P}\right)^2 t_2 + \left(\frac{P_3}{P}\right)^2 t_3 + \left(\frac{P_4}{P}\right)^2 t_4 + \left(\frac{P_5}{P}\right)^2 t_5\right]$[kWh]

$$\textbf{전일효율} = \frac{P_d}{P_d + P_{id} + P_{cd}} \times 100[\%]$$

◈ 주의 : 동손을 계산할 때 변압기의 정격용량은 kVA로 표현해야 함. 가령 역률 0.8의 부하kW는 8/0.8/10kVA, 따라서 변압기 용량 10kVA가 이때의 100% 부하로 됨.

- 1상분이 고장이 나면 나머지 2대로써 V결선 운전이 가능하다.
- 각 변압기의 상전류가 선전류의 1/3이 되어 대전류에 적당하다.

㉡ 단점

- 중성점을 접지할 수 없으므로 지락사고의 검출이 곤란하다.
- 권수비가 다른 변압기를 결선하면 순환전류가 흐른다.
- 각 상의 임피던스가 다를 경우 3상부하가 평형이 되어도 변압기의 부하전류는 불평형이 된다.

② Y-Y 결선

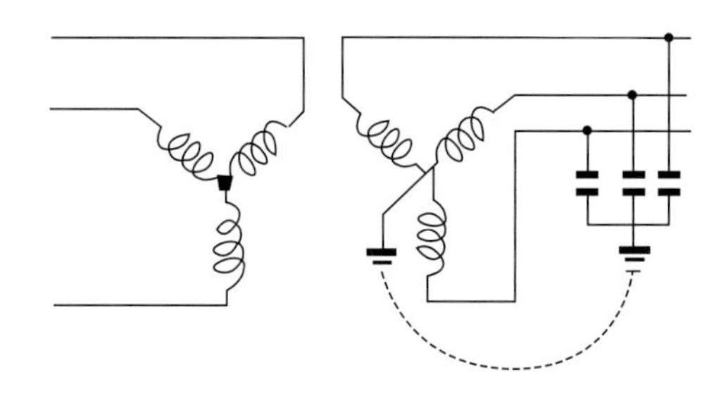

선간전압은 상전압에 비해 크기가 $\sqrt{3}$ 배이고 위상은 30° 앞선다.

선전류는 상전류와 크기가 같고 위상이 동상이 된다.

㉠ 장점

- 1차 전압, 2차 전압 사이에 위상차가 없다.
- 1차, 2차 모두 중성점을 접지할 수 있으며 고압의 경우 이상전압을 감소시킬 수 있다.
- 상전압이 선간 전압의 $1/\sqrt{3}$ 배이므로 절연이 용이하여 고전압에 유리하다.

㉡ 단점

- 제3고조파 전류의 통로가 없으므로 기전력의 파형이 제3고조파를 포함한 왜형파가 된다.
- 중성점을 접지하면 제3고조파 전류가 흘러 통신선에 유도장해를 일으킨다.
- 부하의 불평형에 의하여 중성점 전위가 변동하여 3상전압이 불평형을 일으키므로 송, 배전 계통에 거의 사용하지 않는다.

③ Y-△, △-Y 결선

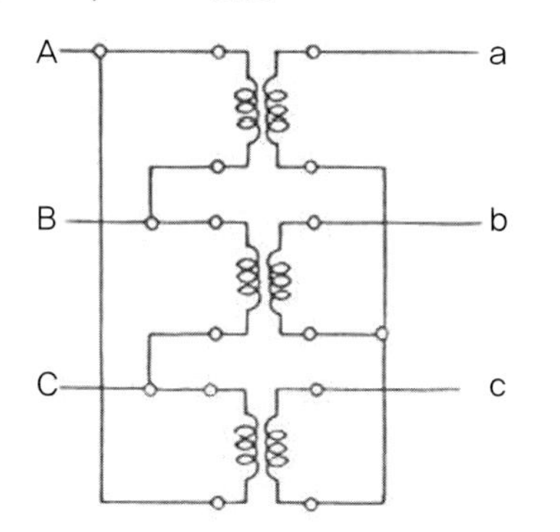

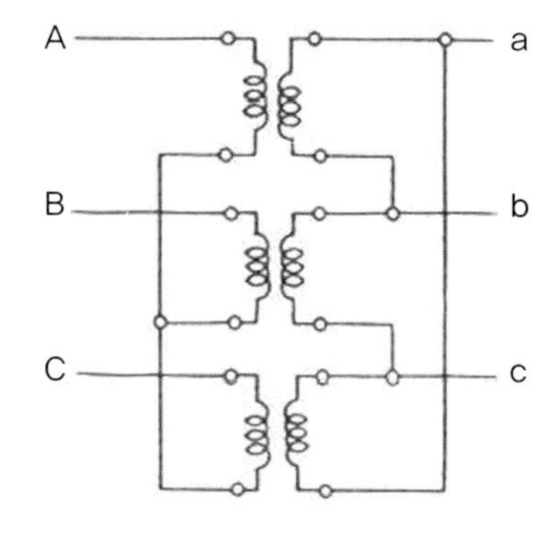

㉠ 장점

- 한 쪽 Y결선의 중성점을 접지할 수 있다.
- Y결선의 상전압은 선간전압의 $1/\sqrt{3}$이므로 절연이 용이하다.
- 1, 2차 중에 △결선이 있어 제3고조파의 장해가 적고, 기전력의 파형이 왜곡되지 않는다.
- Y-△ 결선은 강압용으로, △-Y 결선은 승압용으로 사용할 수 있어서 송전계통에 융통성 있게 사용된다.

㉡ 단점

- 1, 2차 선간전압 사이에 30° 의 위상차가 있다.
- 1상에 고장이 생기면 전원공급이 불가능해 진다
- 중성점 접지로 인한 유도장해를 초래한다.

(4) 부하 시 TAP 절환장치(On Load Tap Changer, OLTC)

변압기 권선에 탭을 설치하여 탭 절환(탭 위치조정)을 통해 2차 전압조정을 할 수 있는 장치이다. 전원전압이나 부하의 변동에 불구하고 일정전압을 공급/유지하기 위하여 변압기에 Tap을 설치하여 탭 위치를 조정함에 따라 2차측 전압을 조정할 수 있으며, 이러한 장치에는 부하 시 탭절환장치와 무부하 시 Tap 절환장치가 있다.

부하 시 Tap 절환장치는 부하가 걸린 채로 전압을 조정하여야 함으로 무부하 Tap 절환장치보다 복잡하고 고가이며, 구성부품으로 절환 스위치, Tap 선택기 2조의 가동부분 접촉자와 절환개폐기, Tap 절환기 헤드, 수동 Handle 및 전동구동장치(3상 220/380V), Tap 범위를 확대하기 위한 전위 절환기 또는 극성 절환기, AVR (Automatic Voltage Regulator, Microprocessor Controlled), Line Drop Compensator, Local/Remote Tap 위치표시기 등으로 구성된다. 발주 시 Option 사항으로 특별한 경우 Tap 절환장치 내의 Oil을 정화시키기 위한 Stationary Oil Filtering Unit 장치를 설치하는 것이 바람직하다.

그림 3-11 **부하시 TAP 절환장치**

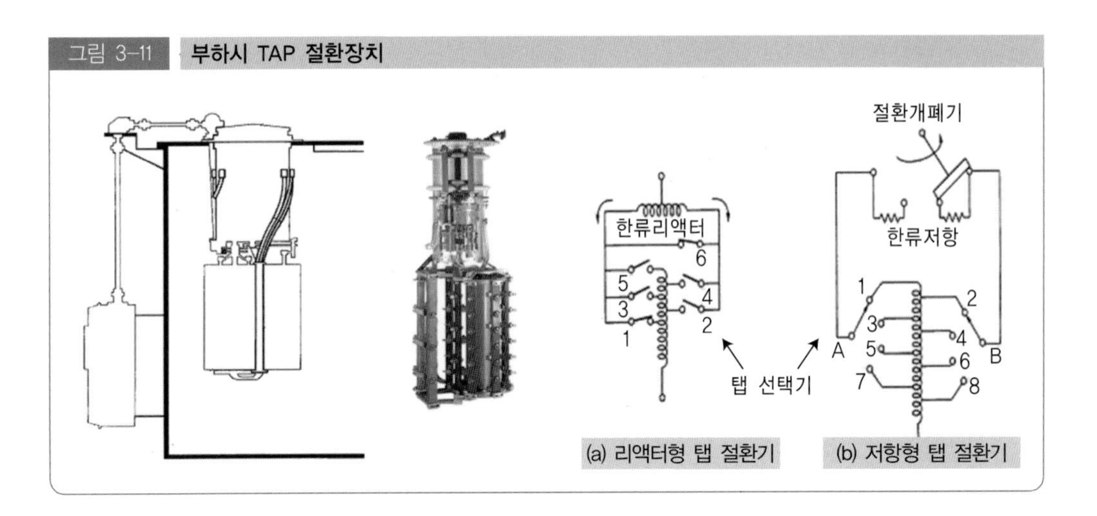

체크포인트

1. 상전압(Phase voltage)

삼상회로의 부하의 접속에는 스타결선과 델타결선 등이 있으나 각 상의 접속방법에 따라 상전압은 다르다. 그림은 스타결선의 경우와 델타결선의 상전압과 선간전압의 관계를 표시하고 있다.

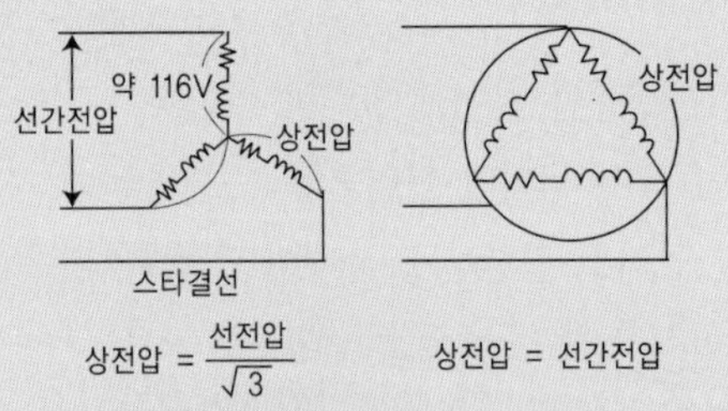

2. 선전류(Line current)

삼상회로에 모터 등의 부하를 접속하여 운전할 때 각 선에 흐르는 전류이다. 선전류는 각 상의 부하 밸런스가 잡혀 있으면 각 선으로는 같은 값의 전류가 흐른다.

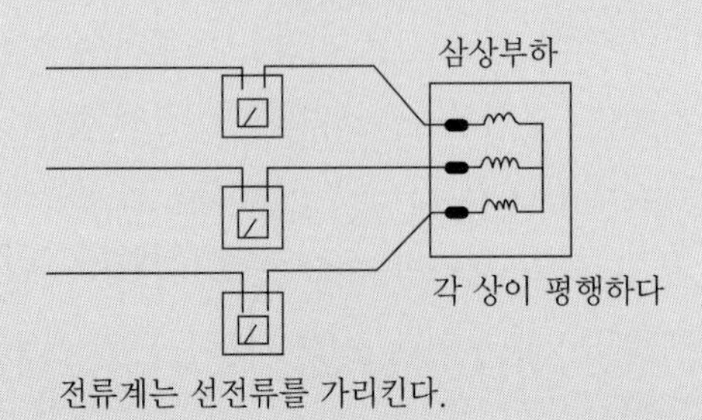

(5) 개폐장치

전로를 개폐할 목적으로 사용되는 장치로 차단기, 단로기, 나이프 스위치, 접촉기, 퓨즈 등으로 분리된다.

1) 차단기(Circuit breaker, 遮斷器)

개폐기의 일종. 정상 상태의 전로 외에 이상상태, 특히 단락상태에 있어서의 전기회로도 자동차단하는 특성을 갖는 장치. 전등용, 동력용 및 직류용, 교류용 등이 있다. 차단할 때 아크를 지우는 기름, 압축공기, 물 등을 소호매질로서 사용한다.

차단기는 차단 시 발생되는 아크를 소호하는 매체에 따라서 분류한다.

종 류	기 호	소 호 원 리
유입차단기	OCB	기름 내에서 아크 소호
기중차단기	ACB	대기 중에서 아크 소호
자기차단기	MCB	자기의 성질을 이용해서 아크 소호
공기차단기	ABB	압축공기로 아크를 불어서 소호
진공차단기	VCB	진공상태에서 아크 소호
가스차단기	GCB	SF_6가스를 이용하여 아크 소호

2) 단로기(Dsconnecting switch, 斷路器)

고압 또는 특별고압회로에서 단지 충전된 전로를 개폐하기 위해 사용되며, 부하전류의 개폐를 원칙으로 하지 않는 것을 말한다. 회로의 전환, 구분, 무부하의 기기를 회로로부터 분리하는 경우 등에 사용한다.

3) 가스절연 개폐장치(Gas Insulated Switchgear, GIS)

가스절연 개폐장치는 불활성 가스인 SF_6의 우수한 물리적은 전기적 성질을 응용하여 정상상태의 전류계폐뿐 아니라 단락사고 등 이상상태에 있어서도 안전하게 운전개폐하여 계통을 보호하는 170kV급 이상의 변전기기 복합기계장치로서 사용되고 있다.

(6) 조상설비(調相設備, Phase modifying equipment)

전력손실을 경감하기 위하여 설치한 회전기기설비로 기계적으로 무부하 운전을 하면서 여자(勵磁)를 가감하여 무효전력의 조정을 통하여 전압조정이나 역률개선 따위를 행하여 손실을 줄인다.

1) 조상설비가 필요한 이유

전력계통을 일정한 전압으로 하기 위해서 무효전력을 공급(지상 혹은 진상무효전력)해 주기 위해서 필요하다.

2) 조상설비의 종류

조상설비는 동작원리에 따라 정지기와 회전기로 구분한다. 회전기인 동기조상기는 연속 조정능력이 있고 진상, 지상 어느 쪽으로도 조정이 가능한 장점이 있으나 건설, 유지, 운전비용이 비싸므로 현재는 거의 사용되지 않는 추세이다. 반면, 정지기인 전력콘덴서, 분로리액터 등은 각각 진상무효전력, 지상무효전력을 공급하는데 군용량(群容量) 단위로 투입, 분리하게 되므로 동기조상기와 달리 연속적인 조정을 할 수 없고, 속응성이 떨어지는 단점이 있지만 정지형으로 운전보수가 용이하고 비용이 저렴하여 널리 사용되고 있다. 최근에는 전력전자기술의 발전으로 Thyristor에 의한 Switching기술을 채용한 SVC(Static Var Compensator, 정지용 무효전력 보상장치) 설비가 개발되어 기존 정지형 조상설비의 단점을 보완하고 연속제어 및 속응성(速應性)이 우수하여 사용이 확대되는 추세이다.

체크포인트

1. **조상설비** : "조상설비" 라 함은 전력계통의 무효전력을 공급 또는 소비함으로서 계통의 적정전압을 유지하는 설비로 분로리액터, 전력용콘덴서, 정지형무효전력보상기, 동기조상기 등을 말한다.
2. **동기조상기** : 동기모터로서 회전수를 조절하여 진상 혹은 지상으로 전압을 일정하게 해준다.
3. **조상설비의 종류**

종 류	진상 무효전력(+Q)	지상무효전력(−Q)
전력용콘덴서	○(+Q)	−
분로 리액터	−	○(−Q)
동기조상기	○	○

(7) 제어장치

변전소의 중추신경인 제어장치는 운전원이 계통 및 기기의 상태를 감시하고 필요에 따라 기기조작 및 전압 전류 전력 등을 측정하며 이상이 발생 시에는 보호계전기에 의해 자동적으로 이상을 검출하여 차단기를 작동시키고 이상부분을 회로에서 분리시키기 위한 지령을 발생시키는 배전반, 계기, 계전기, 기구, 제어 케이블, 제어전선 등을 제어장치라고 한다.

(8) 보호장치

전력계통은 자연환경으로부터 뇌해, 염해, 풍수해 등의 자연재해에 의한 고장과 내부로부터의 이상전압 및 기기불량 등에 의한 전기적인 고장이 발생한다. 이러한 고장을 미연에 방지하고 고장발생 시의 파급되는 것을 방지하기 위해 각종 보호장치를 설치한다.

1) 가공지선(Overhead earth wire, 架空地線)

벼락으로부터 송전선을 보호하기 위하여 도체(導體) 위쪽에 도선과 평행하게 가설한 금속선을 말한다.

2) 피뢰기(避雷器 : Arrester)

뇌격이나 개폐서지로 인한 과전압으로부터 주요한 설비들을 보호하는 장치이다. 종래에는 탄화규소(SiC)로 된 소자를 사용하는 피뢰기가 주로 사용되었으나 최근에는 산화아연(ZnO) 소자를 사용하는 피뢰기가 점차 널리 사용되고 있다.

3) 보호계전장치

전력계통의 이상 상태를 검출하여 보호하는 보호계전기는 통상 계기용변류기(CT), 계기용변압기(PT)를 통한 전기적 입력에 의하여 동작되며 최종적으로는 관련 차단기에 개폐지령을 주어 차단시킴으로서 고장을 제거하게 된다. 따라서 보호장치란 일반적으로 보호계전기를 말하나 넓은 의미로서는 보호계전기 외에 관련된 변성기(CT, PT), 차단기 및 전력계통 보호를 위하여 사용되는 통신회로 및 관련회로 등을 포함한다.

(9) 계기용변성기

계기용변성기는 고전압, 대전류가 직접 배전반에 있는 계기나 계전기에 연결되면 대단히 위험하므로 전압, 전류에 비례하는 저전압(110V), 소전류(5A, 1A, 0.1A)로 변성하여 계측기나 보호계전기 등의 입력전원으로 사용하기 위한 기기이다.
계기용변성기에는 계기용변압기(PT, VT), 계기용변류기CT), 계기용변압변류기(PCT, VCT, MOF), 영상변류기(ZCT) 등이 있다.

(10) 변전설비 운전

1) 변압기 점검내용

① 단자 및 부스의 열화상태 확인
② 큐비클 패널 내 점검 등 점등상태 확인
③ 큐비클 내부, 외부 문 시건상태 확인
④ 영상전류의 동작값 확인
⑤ 접지단자의 취부상태 확인
⑥ 권선의 용도 확인
⑦ 변압기 소음측정 확인

2) 변압기의 운전관리 방법

① 권선의 용도 확인(정격 부하시의 온도 상승치 + 주위온도 : 40 → 지침 SETTING)
② 소음측정 확인(기준치 : 보증치 + 3dB 이내)
③ 무전압 TAP 절환단자 확인
④ 냉각판 동작상태 확인

3) 변압기 및 수변전설비의 점검

① 변압기는 일일 및 월간 점검을 실시하며 점검은 외관 및 온도 상태 등을 체크하여 변압기 점검표에 기록한다.
② 수변전설비는 매일하는 점검으로서 차단기상태, OCR 동작상태, UVR 동작상태, 열화 및 단락상태, 계전기의 셋팅의 정상여부를 확인 후 수변전일지에 기록한다.

PART 3 송전설비 실·전·기·출·문·제

2013 태양광기능사

01. 태양광발전설비의 유지 보수시 설비의 운전 중 주로 육안에 의해서 실시하는 점검은?

① 운전점검 ② 일상점검
③ 정기점검 ④ 임시점검

정 답 ②
일상점검은 설비의 운전 중 주로 육안에 의해서 실시하는 점검방법이다.

2013 태양광산업기사

02. 태양광 발전소 등의 전력시설물 감리업무를 무엇이라 하는가?

① 검측감리 ② 시공감리
③ 책임감리 ④ 설계감리

정 답 ③
전력시설물 감리업무는 책임감리이다.

2013 태양광기능사

03. 일반용전기설비의 점검 서류에 기록하는 내용이 아닌 것은?

① 점검 연월일 ② 점검의 결과
③ 점검의 비용 ④ 점검자의 성명

정 답 ③
점검 연월일, 점검의 결과, 점검자의 성명 등은 점검 서류에 기록하는 내용이나 점검의 비용은 기록하는 내용이 아니다.

실전기출문제

2013 태양광기사

04. 태양광발전설비의 준공 후 감리원이 발주자에게 인수·인계 할 목록에 반드시 포함되어야 하는 서류로서 옳지 않은 것은?

① 기자재 구매서류
② 시설물 인수·인계서
③ 안전교육 실적표
④ 품질시험 및 검사성과 총괄표

정 답 ③

준공 후 감리원이 발주자에게 인수·인계 할 목록
- 준공사진첩
- 준공도면
- 품질시험 및 검사성과 총괄표
- 기자재 구매서류
- 시설물 인수·인계서
- 그 밖에 발주자가 필요하다고 인정하는 서류

05. 태양전지 어레이 회로의 절연내압 측정에 대한 설명으로 옳은 내용은?

① 최대사용전압의 2.5배 교류전압을 10분간 인가하여 절연파괴 등 이상 확인
② 최대사용전압의 3.5배 직류전압을 15분간 인가하여 절연파괴 등 이상 확인
③ 최대사용전압의 1.5배 직류전압을 10분간 인가하여 절연파괴 등 이상 확인
④ 최대사용전압의 1.5배 교류전압을 10분간 인가하여 절연파괴 등 이상 확인

정 답 ③

태양전지 어레이 회로 : 표준태양전지 어레이 개방전압을 최대사용전압으로 간주하여 최대사용전압의 1.5배의 직류전압을 10분간 인가하여 절연파괴 등의 이상이 발생하지 않는 것을 확인해야 하며, 태양전지 스트링의 출력회로에 삽입되어 있는 피뢰소자는 절연시험회로에서 분리하는 것이 일반적이다.

2013 태양광기사

06. 감리원은 공사업자 등이 제출한 시설물의 유지관리지침자료를 검토하여 공사 준공 후 며칠 이내에 발주자에게 제출하여야 하는가?

① 7일
② 14일
③ 20일
④ 30일

정 답 ②
감리원은 발주자(설계자) 또는 공사업자(주요설비 납품자) 등이 제출한 시설물의 유지관리지침 자료를 검토하여 다음 각 목의 내용이 포함된 유지관리지침서를 작성, 공사 준공 후 14일 이내에 발주자에게 제출하여야 한다.
1. 시설물의 규격 및 기능설명서
2. 시설물 유지관리기구에 대한 의견서
3. 시설물 유지관리방법
4. 특기사항

07. 절연내력은 최대사용전압의 몇 배로 직류전압을 10분간 인가하여 절연파괴 등의 시험을 하는가?

① 1배 ② 1.5배
③ 2배 ④ 2.5배

정 답 ②
태양전지 어레이 회로의 절연내력을 측정, 표준 태양전지 어레이 개방전압을 최대사용전압으로 간주하여 최대사용전압의 1.5배의 직류전압을 10분간 인가하여 절연파괴 등의 시험을 실시한다.

08. 태양광발전시스템의 정기점검사항으로 맞지 않는 것은?

① 100kw 미만의 경우 매년 1회
② 100kw 미만의 경우 매년 4회 이상
③ 300kw 이상의 경우는 격월 2회
④ 3kw 미만의 소출력은 법적으로 정기점검을 받지 않아도 된다.

정 답 ①
정기점검 : 정기점검의 주기는 법에서 정한 용량별로 횟수가 정해져 있다. 100kW 미만의 경우는 매년 2회 이상으로 되어 있고, 100kW 이상(1,000kW 미만)의 경우는 격월로 1회로 되어 있다. 단, 일반가정 등에 설치되는 3kW 미만의 소출력 태양광발전시스템의 경우에는 일반용 전기설비로 되어 있어 법적으로는 정기점검을 받지 않아도 되지만, 자주적으로 점검을 하는 것이 바람직하다.

부 록

착수신고서

용 역 명 :

계약금액 : 일금 : 원(₩)

계 약 일 : 년 월 일

착 수 일 : 년 월 일

준 공 일 : 년 월 일

위와 같이 전력시설물공사 설계감리용역 업무를 수행하기 위하여 착수신고서를 제출합니다.

년 월 일

제출인 주 소 :

상 호 :

책임 설계감리원 : (인)

발주자 귀하

□ 첨부서류

1. 예정공정표
2. 과업수행계획 등 그 밖에 필요한 사항

근무상황부

일자	성 명	행 선 지	예정 업무		책임설계 감리원확인	비 고
			시 간	내용		

<table>
<tr><td colspan="2" align="center">설계감리일지</td><td></td></tr>
<tr><td colspan="2" rowspan="2">용역명 :

일 자 :</td><td>책임 설계감리원</td></tr>
<tr><td></td></tr>
<tr><td>구 분</td><td colspan="2">업무내용 및 지시사항</td></tr>
<tr><td></td><td colspan="2"></td></tr>
</table>

작성자 : (서명)

<table>
<tr><td colspan="2" rowspan="2">지원업무수행 기록부</td><td rowspan="2">결
재</td><td></td><td></td><td></td></tr>
<tr><td></td><td></td><td></td></tr>
<tr><td colspan="6">지원업무수행자: (인)
용역명 :
년 월 일 (요일)</td></tr>
<tr><td>수신</td><td>○○전력시설공사 설계감리용역
설계감리원</td><td colspan="2">참조</td><td colspan="2"></td></tr>
<tr><td>제목</td><td colspan="5"></td></tr>
<tr><td>지시
내용</td><td colspan="5"></td></tr>
<tr><td>조치
계획</td><td colspan="5"></td></tr>
</table>

<table>
<tr><td colspan="2">설계감리지시부</td><td>결
재</td><td></td><td></td><td></td></tr>
<tr><td colspan="6">담당 설계감리원: (인)

용역명 :

년 월 일 (요일)</td></tr>
<tr><td>수신</td><td></td><td>발신</td><td colspan="3"></td></tr>
<tr><td>참조</td><td></td><td>발송일자</td><td colspan="3"></td></tr>
<tr><td>제목</td><td colspan="5"></td></tr>
<tr><td>지시
내용</td><td colspan="5"></td></tr>
<tr><td>첨부</td><td colspan="5"></td></tr>
<tr><td>수신처
확인</td><td colspan="5"></td></tr>
</table>

<table>
<tr><td colspan="2" rowspan="2">설계감리기록부</td><td rowspan="2">결
재</td><td></td><td></td><td></td></tr>
<tr><td></td><td></td><td></td></tr>
<tr><td colspan="6">설계감리원 : (인)
용역명 :
년 월 일 (요일)</td></tr>
<tr><td>설계감리
공 종</td><td colspan="5"></td></tr>
<tr><td>특기
사항</td><td colspan="5"></td></tr>
<tr><td>기술검토
및
토의사항</td><td colspan="5"></td></tr>
<tr><td>수정 또는 지시
및
이행사항</td><td colspan="5"></td></tr>
<tr><td>종합
의견</td><td colspan="5"></td></tr>
</table>

<table>
<tr><td colspan="3" rowspan="2">설계감리요청서</td><td rowspan="2">결
재</td><td></td><td></td></tr>
<tr><td></td><td></td></tr>
<tr><td colspan="6">용역명 :
일 자 : 년 월 일 (요일)</td></tr>
<tr><td>수신</td><td></td><td>발신</td><td colspan="3"></td></tr>
<tr><td>참조</td><td></td><td>발송일자</td><td colspan="3"></td></tr>
<tr><td>제목</td><td colspan="5"></td></tr>
<tr><td>지시
내용</td><td colspan="5"></td></tr>
<tr><td>첨부</td><td colspan="5"></td></tr>
<tr><td>수신처
확인</td><td colspan="5"></td></tr>
</table>

<table>
<tr><td colspan="4" rowspan="2">설계자와 협의사항 기록부</td><td rowspan="2">결
재</td><td></td><td></td><td></td></tr>
<tr><td></td><td></td><td></td></tr>
<tr><td colspan="8">책임 설계감리원 : (인)
용역명 :
년 월 일 (요일)</td></tr>
<tr><td>제목</td><td colspan="7"></td></tr>
<tr><td>협의
내용</td><td colspan="7"></td></tr>
<tr><td rowspan="5">참여자</td><td>소 속</td><td>직 위</td><td>성 명</td><td colspan="4">서 명</td></tr>
<tr><td></td><td></td><td></td><td colspan="4"></td></tr>
<tr><td></td><td></td><td></td><td colspan="4"></td></tr>
<tr><td></td><td></td><td></td><td colspan="4"></td></tr>
<tr><td></td><td></td><td></td><td colspan="4"></td></tr>
</table>

설계감리 추진현황

ㅇ용 역 명 :

ㅇ설계감리자 : 설계감리원

전화 : fax :

설계감리원

전화 : fax :

ㅇ착수일 : 년 월 일(요일)

ㅇ공기관계 : 년 월 일 :착수

: 년 월 일 ~ 년 월 일 :과업중지

: 년 월 일 :과업재개

-현재 진행 중

ㅇ잔여공기 : 일

ㅇ계약변경 : 1.전체용역비: 원, 2. 1차 변경 :

ㅇ현재 추진현황

구 분	설계업자	현 단계	설계감리 착수예정일	비 고

설계감리 검토의견 및 조치결과서			
구 분	검토의견	조치결과	비 고

설계감리 주요검토 결과

설계감리 용역명	
기본(실시) 설계명	

당초계획			설계감리 결과
개선 내용	개선전		
	개선후		
효 과			

설계도서 검토의견서

설계명 :

설계감리원 :

공 종	구 분	검토의견	비 고

설계용역 기성부분 검사원

책임 설계감리원 : (인)

1. 설계용역명:
2. 위 치 :
3. 계약금액 :
4. 계 약 일 :
5. 착 공 일 :
6. 준공기한 :
7. 현재공정 : 년 월 일 현재 %

8. 첨부서류 :

위 설계용역을 시행함에 있어 설계용역계약서, 설계기준 및 그 밖의 약정대로 기성되었음을 확인하며, 설계감리 및 검사에 관한 하자가 발견된 때에는 변상 또는 재 수행할 것을 서약하고 기성부분 검사원을 제출하오니 검사하여 주시기 바랍니다.

년 월 일

주 소 :
상 호 :
성 명 : (서명)

귀 하

설계용역 준공검사원

책임 설계감리원 : (인)

1. 설계용역명:
2. 위 치 :
3. 계약금액 :
4. 계 약 일 :
5. 착 공 일 :
6. 준공기한 :
7. 실 준공일:

8. 첨부서류 :

위 설계용역을 시행함에 있어 설계용역계약서, 설계기준 및 그 밖의 약정대로 기성되었음을 확인하며, 설계감리 및 검사에 관한 하자가 발견된 때에는 변상 또는 재 수행할 것을 서약하고 준공검사원을 제출합니다.

년 월 일

주 소 :
상 호 :
성 명 : (서명)

귀 하

설계용역 기성부분 내역서

1. 도급액 :

2. 용역명 :

3. 기성부분금액 : 일금 원정(₩)

4. 내 역 :

설계 내역	규격	도급액			금회 기성액			전회까지의 기성액			적용
		수량	단가	금액	수량	금액	비율 (%)	수량	금액	비율 (%)	

감리업무일지

년 월 일 / 년 월 일

기 온 : 최고 ℃ / 기 온 : 최저 ℃

구 분	업무내용 및 지시사항
	작성자 : (서명)

근무상황판

년 월 일

성 명	예정 업무		행선지	비고
	시 간	내 용		

지원업무수행 기록부

일자	업무 수행사항	지시 등 중요사항	비고

지원업무담당자 (서명)

서식 목록

1. 착수신고서
2. 근무상황부
3. 설계감리일지
4. 지원업무수행 기록부
5. 설계감리지시부
6. 설계감리기록부
7. 설계감리요청서
8. 설계자와 협의사항 기록부
9. 설계감리 추진현황
10. 설계감리 검토의견 및 조치결과서
11. 설계감리 주요검토결과
12. 설계도서 검토의견서
13. 설계용역 기성부분 검사원
14. 설계용역 준공검사원
15. 설계용역 기성부분 내역서

착수 신고서

용 역 명 :

계약금액 : 일금 : 원(₩)

계 약 일 : 년 월 일

착 수 일 : 년 월 일

준 공 일 : 년 월 일

위와 같이 전력시설물공사 감리용역 업무를 수행하기 위하여 착수신고서를 제출합니다.

년 월 일

제출인 주 소 :

상 호 :

대표자 : ㉥

□ 첨부서류

1. 감리업무 수행계획서
2. 감리비 산출 내역서
3. 상주, 비상주 감리원 배치계획서와 감리원의 경력확인서
4. 감리원 조직 구성내용과 감리원별 투입기간 및 담당업무

회의 및 협의내용 관리대장

일시	구분	내 용	참석자				비고
			시공관리 책임자	감리원	업무지원 담당자	기타	

하도급 현황

공종	하도급자				하도급 금액 (천원)	하도급율 (%)	공사 기간	시공관리 책임자
	상호	대표자	면허	전화번호				

문서접수대장

연번	발신	접수 일자	시행 일자	문서 번호	제목	첨부물		결재	처리	비고
						명칭	수량			

문서발송대장

연번	수 신	발송 일자	문서 번호	제목	첨부물		비고
					명칭	수량	

교육실적 기록부

구분	일자	시간	교육강사	교육내용	참석자	비고

ㅁ 작성요령

① 교육은 정기와 비정기 교육으로 구분합니다.

② 현장의 안전확보를 위하여 작업전에 매일 아침 일일교육(10분 정도)을 실시하는 것은 교육실적부에는 기록하지 아니합니다.

민원처리부

일자	민원인	민원내용	처리 및 조치내용	비고

지 시 부

제 호

공 사 명 : 년 월 일

발 신 :

수 신 :

참 조 :

제 목 :

내 용

작성자	(서명)	책임감리원	(서명)

발주자 지시사항 처리부

번호	접수일	문서번호	지시사항	처리내용

품질관리 검사·확인대장

번호	일자	검사·확인 구간	검사·확인 항목	기존	결과	판정	검사·확인자		감리원		비고
							성명	서명	성명	서명	

□ 작성요령

-시험·검사 성과표는 별도 작성할 수 있습니다.

-비고란에는 불합격 경우에는 조치내용 등을 기재합니다.

설계변경 현황

일자	공종	수량			공사비			변경사유	비고
		단위	당초	변경	당초	변경	증감		

주요인력 및 장비투입 현황

인원투입 현황			장비투입 현황			
직종	투입인원	비고	장비명	규격	투입개수	비고

작업계획서

공사명 :

공 정	위 치	전일작업	금일계획	비 고

※ 비고란에는 품질관리검사 계획, 검사요청 등을 기록합니다.

년 월 일

시공관리책임자 : (서명)

책임감리원 귀하

<table>
<tr><td colspan="4">검사 요청서</td></tr>
<tr><td colspan="4">번 호 :

수 신 : 책임감리원

다음과 같은 공종에 대하여 검사를 요청 하오니 검사 후 승인하여 주시기 바랍니다.</td></tr>
<tr><td>공 종</td><td></td><td>세부공종</td><td></td></tr>
<tr><td>위 치</td><td colspan="3"></td></tr>
<tr><td>검사부분</td><td colspan="3"></td></tr>
<tr><td>요청일시</td><td colspan="3"></td></tr>
<tr><td>기 타</td><td colspan="3"></td></tr>
<tr><td colspan="4">년 월 일

○○ 공사 시공관리책임자 (서명)</td></tr>
<tr><td colspan="4">ㅁ 첨부 : 도면·검사체크리스트 및 시공기술자 실명부</td></tr>
</table>

검사 체크리스트

위　　치		검사일시	년　월　일
공　　종		검사부분	
세부공종		검 사 자	㉿

검사항목	검사기준 (시방)	검사결과		조치사항
		합격	불합격	

공사업자점검	(서명)	검사감리원	(서명)

시공기술자 실명부

공사명 :

작업일	작업공종 및 위치	소속	직위	성명	생년월일	공사내용	서명

년 월 일

○○ 공사 시공관리책임자 (서명)

검사결과 통보서

번 호 :

수 신 : ○○공사 시공관리책임자

○○번호의 검사 요청서에 따라 검사하고 그 결과를 다음과 같이 통보합니다.

검사자	(서명)	검사일시	
검사결과			
특기사항			

년 월 일

책임감리원 (서명)

□ 첨부 : 검사 체크리스트

□ 작성요령

-검사결과 적합할 경우에는 검사결과란에는 "적합", 부적합시에는 "부적합"이라 기록하고, 부적합의 경우에는 특기사항에 관련 근거 등을 기록합니다.

-2부 복사하여 공사업자 및 감리원 각 1부씩 보관합니다.

<table>
<tr><td colspan="4">기술검토 의견서</td></tr>
<tr><td>기술검토건명</td><td></td><td>보고일자
(문서번호)</td><td></td></tr>
<tr><td>검토기간</td><td></td><td>검토자</td><td></td></tr>
<tr><td>1. 검토목적</td><td colspan="3"></td></tr>
<tr><td>2. 검토내용</td><td colspan="3"></td></tr>
<tr><td>3. 결 과</td><td colspan="3"></td></tr>
</table>

기자재 공급원 승인현황

품명	규격	공급원	승인일	특기사항	비고

주요기자재 검수 및 수불부

<table>
<tr><th rowspan="2">품명</th><th rowspan="2">반입일</th><th rowspan="2">설계량</th><th rowspan="2">규격</th><th rowspan="2">반입량</th><th colspan="2">검수량</th><th rowspan="2">부적격 사유</th><th colspan="2">출고</th><th rowspan="2">잔량</th><th rowspan="2">검수자</th><th rowspan="2">확인 서명</th></tr>
<tr><th>적합</th><th>부적격</th><th>일시</th><th>량</th></tr>
<tr><td></td><td></td><td></td><td></td><td></td><td></td><td></td><td></td><td></td><td></td><td></td><td></td><td></td></tr>
</table>

□ 작성요령

①주요기자재에 대한 종류별 품명별로 검수 및 수불현황을 작성합니다.

②현장 반입 후 설치장소로 반출까지는 감리원 감독에 따라 관리하며 출고마다 담당감리원이 확인하여 반출량과 잔량을 확인하고 서명합니다.

기성부분 감리조서

공사명 :

년 월 일

위 공사의 감리원으로 임명받아 년 월 일부터 년 월 일까지 현장 감리한 결과(제 회 기성부분검사까지의) 공사 전반에 걸쳐 공사 설계도서·품질관리기준 및 그 밖의 약정대로 어김없이 전공사의(%가 기성)되었음을 인정합니다.

년 월 일

책임감리원 (서명)

귀 하

발생품(잉여자재) 정리부

공사명				착공일	
품 명		규격		준공일	

발생일	품 명	규 격	단위	수량		발생 사유	보관사항 (발주자 인계여부)
				사용가능	사용불가		

기성부분 검사조서

공사명 :

년 월 일 준공

년 월 일 와 계약분

위 공사 제 회 기성부분검사의 명을 받아 년 월 일 검사한 결과, 별지 내역서와 같이 전 공사에 대하여 그 기성공정을 %로 조정합니다.

다만, 수중·지하 및 구조물 내부 또는 저부 등 시공 후 매몰된 부분의 검사는 별지 감리조서에 따릅니다.

년 월 일

기성부분 검사자 (서명)

입 회 원 (서명)

귀 하

기성부분 검사원

감리원 경유 (인)

1. 공 사 명 :
2. 위　　치 :
3. 계약금액 :
4. 계 약 일 :
5. 착 공 일 :
6. 준공기한 :
7. 현재공정 : 년 월 일. 현재 %

8. 첨부서류 : 기성공정내역서, 기성부분 사진

위 공사의 도급시행에 있어서 공사전반에 걸쳐 공사설계도서, 품질관리기준 및 그 밖의 약정대로 어김없이 기성되었음을 확인하며, 만약 공사의 시공, 감리 및 검사에 관하여 하자가 발견될 시는 즉시 변상 또는 재시공할 것을 서약하고 이에 기성부분 검사원을 제출하오니 검사하여 주시기 바랍니다.

년 월 일

주 소 :
상 호 :
성 명 : (서명)

귀 하

준공 검사원

감리원 경유 (인)

1. 공사명 :
2. 공사위치 :
3. 계약금액 :
4. 계약일 :
5. 착공일 :
6. 준공기한 :
7. 실제준공일 :
8. 첨부서류 : 준공사진

위 공사의 도급시행에 있어서 공사전반에 걸쳐 공사설계도서, 품질관리기준 및 그 밖의 약정대로 어김없이 준공되었음을 확인하오며, 만약 공사의 시공, 감리 및 검사에 관하여 하자가 발견될 시는 즉시 실액변상 또는 재시공할 것을 서약하고 이에 준공검사원을 제출합니다.

년 월 일

주 소 :
상 호 :
성 명 : (서명)

귀 하

기성공정 내역서

공사명 :

년 월 일부터 년 월 일까지 기성공정 내역을 다음과 같이 보고합니다.

ㅁ 기성공정내역

공종	분야	전체계획		보할 (%)	금회기성공정		누계공정		비고
		공사량	공사비		공사량	기성율 (%)	공사량	공정률 (%)	

년 월 일

시공관리책임자 (서명)

기성부분 내역서

1. 도급액 :

2. 공사명 :

3. 기성부분금액 : 일금 원정(₩)

4. 내 역 :

공사내역	규격	도급액			금회 기성액			전회까지의 기성액			적용
		수량	단가	금액	수량	금액	비율(%)	수량	금액	비율(%)	

준공 검사조서

공사명 :

년 월 일 준공

년 월 일 와 계약분

위 공사의 준공검사의 명을 받아 년 월 일부터 년 월 일까지 검사한 결과 공사 설계도서 및 그 밖의 약정대로 준공하였음을 인정합니다.

다만, 수중·지하 및 구조물 내부 등 시공 후 매몰된 부분의 검사는 별지 감리조서에 따릅니다.

년 월 일

준 공 검 사 자 (서명)

입 회 자 (서명)

귀 하

준공 감리조서

공사명 :

년 월 일

위 공사의 감리원으로 임명받아 년 월 일부터 년 월 일까지 현장 감리한 결과, 공사전반에 걸쳐 공사설계도서·품질관리기준 및 그 밖의 약정대로 어김없이 전 공사가 준공되었음을 인정합니다.

년 월 일

책임감리원 (서명)

귀 하

주간공정계획 및 실적보고서

기 간: 년 월 일 ~ 년 월 일

공사명 :

공 종		공 정						비 고
		금 주			누 계			
		계 획	실 적	대 비	계 획	실 적	대 비	

· 문제점 및 대책

년 월 일

시공관리책임자 (서명)

ㅁ 작성 및 기재요령

① 공종은 금주의 주요공종 및 문제점 공정만 작성합니다.

② 공정은 물량 또는 비율로 표시합니다.

③ 문제점 및 대책은 상세히 기재하고 토의결과도 기재합니다.

안전관리 점검표

공사명 :　　　　　　　　　　　　　　년　　월　　일

점검 내용	점검자		점검결과	비고
	공사업자	감리원		

안전관리비 사용실적 현황

안전관리비 사용실적 총괄

공사업체명		공 사 명	
소 재 지		대 표 자	
공 사 금 액	원	공 사 기 간	
발 주 자		누계공정율	%
계 상 된 안전관리비	원		

사 용 금 액

항 목	누계사용금액
계	
1. 안전관리자 등 인건비 및 각종 업무수당 등	
2. 안전시설비 등	
3. 개인보호구 및 안전장구 구입비 등	
4. 안전진단비 등	
5. 안전보건교육비 및 행사비 등	
6. 근로자 건강관리비 등	
7. 건설재해예방 기술지도비	
8. 본사사용비	

건설업 산업안전 보건관리비 계상 및 사용기준 제10조제1항에 따라 위와 같이 사용내역서를 작성하였습니다.

년 월 일

작성자 직책

성명 (서명 또는 인)

사고 보고서

문서번호 :

수　　신 :

참　　조 :

년　　월　　일

발　신 :　　　　　　　(서명)

공 사 명	
계약금액	
공사업자	
착 공 일	
준공예정일	
사고발생일	
최근공정	
피해개요	
복구대책	

□ 첨부서류 : 피해광경 사진2매, 피해내역서

재해발생 관리부

일자	구분	공종	재해 발생 원인									계	비고
			추락	전도	충돌	낙하 비래	붕괴 도괴	협착	감전	폭발 화재	파열		

□ 작성요령

① 구분에는 "사망", "중상", "경상", "부상"으로 구분하고, 재해발생 원인에 해당하는 부분에 재해인수 기록

② 재해 중 중상은 3주 이상, 경상은 5일 이상 3주 미만, 부상은 5일 미만의 입원 및 통원치료 또는 가료로 함

사후환경영향조사 결과보고서

1. 사 업 명 :

2. 조사기간 :

3. 관리책임자 :

4. 환경영향 조사결과 :

조사 일시	구분	조사 항목	조사 지점	조사 결과	문제점	조치 결과	비고

5. 승인기관 조사·확인결과

조 사 일 시	승인기관 및 담당자	협의내용 및 이행사항	미 이행사항 및 사후대책	비고
		*공정을 파악할 수 있는 사진첨부		

절연저항 측정기록표

설비위치				측정자	(인)	입회자	
측정일	년 월 일	날 씨		측정장비			

설비명	규격	사용 전압 [V]	기준치 [MΩ]	측정치 [MΩ]	판정	설비명	규격	사용 전압 [V]	기준치 [MΩ]	측정치 [MΩ]	판정

변압기 절연저항 측정기록표

설비위치		측정자	(인)	입회자	
측정일	년 월 일	날 씨		측정장비	

용 량	전압비 [kV/V]	절연저항측정			결과	외부 점검	절연유 점검	의견 사항
		1차-대지 [MΩ]	1차-2차 [MΩ]	2차-대지 [MΩ]				

고압전동기 절연저항 측정기록표

설비위치			측정자	(인)	입회자	
측정일	년 월 일	날씨		측정장비		

용 량 [HP]	권선-대지 [MΩ]	전동기명	제조회사	제작년도	전압전류	회전수	효율

접지저항 측정기록표							
설비위치				측정자	(인)	입회자	
측정일	년 월 일	날 씨		측정장비			

기 기 명	측 정 치 (Ω)	판 정	비 고

* 제1종 : 10(Ω)이하
* 제2종 : 변압기의 고압측 또는 특별고압측의 전로의 1선지락 전류/150의 저항값
* 제3종 : 100(Ω)이하
* 특별 제3종 : 10(Ω)이하

계전기시험 결과표

설비위치			측정자	(인)	입회자	
측정일	년 월 일	날 씨		측정장비		

판넬명	계전 기명	제조 번호	동작요소		최소동작 전류 [A]	한시특성(200%)		순시특성		연 동 시 험 (차단기)
			TAP	레바		측정치 [Hz]	결과	TAP	결과	

변압기절연유시험 성적표

설비위치				측정자	(인)	입회자	
측정일	년 월 일	날 씨		측정장비			

시료명	전압[V]	제조사	내압 (kV)					전산가(mg KOH/g)	
			1차	2차	3차	평균	판정	시험치	판정

* 참 고

구 분	절연내압	산가도(mg KOH/g)	판 정
신 유	30kV 이상(KSC-2301)	0.02 이하(KSC-2301)	적 합
사용중인 절연유	20kV 이상	0.2 이하	적 합
	15kV 이상 20kV 미만	0.2 초과 0.4 미만	요 주 의
	15kV 미만	0.2 초과 0.4 미만	불 량

절연내력시험 결과표

<table>
<tr><td>설비위치</td><td colspan="3"></td><td>측정자</td><td>(인)</td><td>입회자</td><td></td></tr>
<tr><td>측정일</td><td>년 월 일</td><td>날씨</td><td></td><td>측정장비</td><td colspan="3"></td></tr>
</table>

피시험 기기명	최대 사용전압	시험전압	전압계	여자 전류	누설전류	시험기간	결과

참고 문한

이순형,태양광 발전시스템의 계획과 설계, 기다리, 2008. 8.

한국전기안전공사, 태양광발전설비 검검, 검사 기술지침, 2010, 10.

박용태,태양광 발전의 개요와 태양광발전소의 설계, 대우엔지니어링기술보, 제23권 제1호

박종화,알기 쉬운 태양광발전, 문운당, 2012. 1.

한국전기안전공사, 태양광 발전설비 점검·검사 기술지침, 2010. 10.

에너지관리공단 신재생에너지센터, 태양광, 북스힐, 2008. 7.

유춘식,그린에너지의 이해와 태양광발전시스템, 연경문화사, 2009. 3.

태양광 발전솔루션, 한국전력공사 예산지사 기술총괄팀, 2006. 11.

이현화,저탄소 녹색성장을 위한 태양광발전, 기다리, 2009. 1.

이현화,태양광 발전시스템 설계 및 시공, 인포더북스, 2009. 12.

이형연·김대일, 태양광발전 시스템 이론 및 설치 가이드북, 신기술, 2011. 7.

한국전력 분산형 전원 계통 연계기준

김상길,태양광 발전 실습, 태영문화사, 2012. 7.

태양광발전연구회, 태양광 발전(알기 쉬운 태양광 발전의 원리와 응용), 기문당, 2011. 6.

셈웨어기술연구소, CEMTool을 이용한 태양광 발전 이해와 실습, 아진, 2012. 11.

신재생에너지기술, 강원도교육청, 이봉섭, 박해익, 이재성, 조문택, 백경진 2013, 1.

에너지관리공단 신재생에너지센터

나가오 다케히코, 태양광 발전시스템의 설계와 시공(개정3판), 태양광발전협회, 오옴사, 2009. 1.

산업통상자원부 기술표준원, 태양광발전 용어 모음(2010년 최종판), 2010.

태양광발전시스템 시공

초판1쇄 인쇄 2014년 3월 10일
초판1쇄 발행 2014년 3월 15일

저　　자 정 석 모 · 이 지 성

펴 낸 이 임 순 재
펴 낸 곳 **에듀한올**
등　　록 제11-403호
주　　소 서울시 마포구 성산동 133-3 한올빌딩 3층
전　　화 (02)376-4298(대표)
팩　　스 (02)302-8073
홈페이지 www.hanol.co.kr
e-메일 hanol@hanol.co.kr

값 15,000원 ISBN 979-11-85596-98-3